アナログ/デジタル変換入門

― 原理と回路実装 ―

理学博士 和保 孝夫 著

コロナ社

まえがき

　今日,情報処理はデジタル化されている。一方,人間が認識できる情報はアナログである。また,デジタル機器間で情報を通信するために必要な電気信号や,電波,光などもアナログである。そのため,デジタルとアナログを相互に変換する装置が必要になる。具体的には,アナログ/デジタル(A/D)変換器およびデジタル/アナログ(D/A)変換器と呼ばれるもので,両者を合わせてデータ変換器とも呼ばれる。本書では,A/D変換およびD/A変換を初めて学ぶ学生やエンジニアを対象として,原理と回路実装の基礎をできるだけわかりやすく説明する。

　デジタル情報処理の応用が広がれば広がるほど,デジタルとアナログのインタフェースとしてのデータ変換器の重要性も高まる。いま注目されているIoT (internet of things) や,センサネットワーク,ロボット,自動運転などでも,温度,圧力,加速度などの物理量をセンサで電気信号に変換し,マイクロコントローラに読み込ませるためには,アナログをデジタルに変換するA/D変換器が必要である。また,コントローラの処理結果に基づきアクチュエータを駆動するためには,デジタルをアナログに変換するD/A変換器が必須である。AI (artificial intelligence) も豊富なネット情報を活用する必要があり,それを支える高速情報通信網には高性能データ変換器が組み込まれている。これらの応用範囲が拡大すると,データ変換器に対する要求性能が一層高度化し,高性能化により新しい応用分野が開けていく,というダイナミックな展開が当分続くであろう。

　このように重要な役割を担っているデータ変換器の研究開発は,実際,ここ20年ほどの間で急速に進んだ。CMOS集積回路技術の飛躍的な進歩により,従来は実現が困難であった変換方式が見直されたり,デジタル技術を駆使したア

ナログ回路の校正手法が導入されるなど，新しい魅力的なアイデアが次々と提案され，回路実装により優れた性能が実証されてきた。マイクロコントローラのI/Oに埋め込まれたIPコアも考えると，われわれの身の回りには無数のデータ変換器が散りばめられているといっても過言ではない。

　英語で書かれたものを含めて，本分野に関する良書は少なくない。また，集積回路に関する国際会議や専門論文誌では，データ変換器に関する話題が多く取り上げられている。さらに，ネット検索をすれば，断片的ではあるが，多くの有益な情報が得られる。セミナーやチュートリアルも頻繁に開催されている。それでも，データ変換器の技術基盤は回路設計から信号処理技術，システム応用まで，幅広い分野と密接に関連しているため，多くの仕事を抱えるエンジニアにとって，系統的に学ぶには敷居が高いテーマではなかっただろうか。

　本書では，最先端の話題にも配慮しながら，この分野の全体像を把握できるように題材を選び，体系的に整理して述べた。これからデータ変換器の研究開発を進めようとしている若手研究者だけではなく，データ変換器のユーザとして，新しい装置やシステムを開発しようとしているエンジニアも念頭に置き，執筆を進めた。データ変換器の基本を知ることは，データシートに記載された仕様の「行間」を読み解き，目的とする装置やシステムを効率良く設計・開発することに資すると考えたためである。もちろん，CMOS集積回路や情報通信技術を学んでデータ変換器に興味を持った学生諸君がこの分野をさらに深く学ぶための手引きとなり，基本的なアナログCMOS回路と最先端データ変換器のギャップを埋めるために役立つことも期待している。

　本書の執筆にあたっては，これまでの多くの方々との議論を参考にさせていただきました。また，私の研究室の卒業生には原稿準備の段階で有益なコメントをいただきました。さらに，編集にあたりコロナ社の皆様にはたいへんお世話になりました。この場をお借りして，皆様に深い感謝の意を表したいと思います。

2019年2月

和保孝夫

目　次

1. はじめに

1.1　データ変換器の役割 …………………………………………………… 2
1.2　データ変換器の動作原理 ……………………………………………… 4
　1.2.1　A/D 変換器 ………………………………………………………… 4
　1.2.2　D/A 変換器 ………………………………………………………… 9
　1.2.3　A/D 変換器に内蔵された D/A 変換器 ………………………… 11
1.3　性能と技術動向 ………………………………………………………… 13
1.4　本書の目的 ……………………………………………………………… 18

2. A/D 変換の基本原理

2.1　サンプリング …………………………………………………………… 21
　2.1.1　サンプリング定理と折り返し …………………………………… 21
　2.1.2　オーバーサンプリングとアンダーサンプリング ……………… 33
　2.1.3　ジッタと SNR ……………………………………………………… 36
　2.1.4　S/H 信号 …………………………………………………………… 39
2.2　量子化 …………………………………………………………………… 41

3. 基本回路ブロック

3.1　サンプル/ホールド回路 ………………………………………………… 47
　3.1.1　基本回路 …………………………………………………………… 47

   3.1.2　S/H 回路の出力波形 ………………………………… 51
   3.1.3　非 理 想 要 因 ………………………………………… 53
   3.1.4　各 種 回 路 …………………………………………… 60
   3.1.5　ブートストラップスイッチ ………………………… 65
   3.1.6　熱　雑　音 …………………………………………… 70
   3.1.7　消 費 電 力 …………………………………………… 73
   3.1.8　ジ　ッ　タ …………………………………………… 75
3.2　コ ン パ レ ー タ ……………………………………………… 78
   3.2.1　オペアンプを利用したコンパレータ ……………… 79
   3.2.2　多段コンパレータ …………………………………… 85
   3.2.3　ラッチ付きコンパレータ …………………………… 87

4. D/A 変 換 器

4.1　基 本 動 作 ………………………………………………… 93
4.2　性 能 指 標 ………………………………………………… 96
   4.2.1　スタティック性能 …………………………………… 96
   4.2.2　ダイナミック性能 …………………………………… 99
4.3　抵抗ラダー D/A 変換器 …………………………………… 100
   4.3.1　電 圧 分 圧 型 ………………………………………… 100
   4.3.2　電 流 加 算 型 ………………………………………… 105
4.4　容量 D/A 変換器 …………………………………………… 108
   4.4.1　電 圧 分 圧 型 ………………………………………… 108
   4.4.2　電 荷 シ ェ ア 型 ……………………………………… 111
   4.4.3　ハイブリッド型 ……………………………………… 112
4.5　電流切替型 D/A 変換器 …………………………………… 113

5. ナイキスト型 A/D 変換器

- 5.1 性能指標 ·· 118
- 5.2 フラッシュ型 ·· 122
- 5.3 フォールディング・インターポレーション型 ················· 127
- 5.4 逐次近似（SAR）型 ······································· 135
  - 5.4.1 動作原理：2分探索アルゴリズム ····················· 135
  - 5.4.2 容量 DAC を用いた2分探索アルゴリズムの実現 ········ 138
  - 5.4.3 消費エネルギー ···································· 142
  - 5.4.4 冗長性の導入 ······································ 151
- 5.5 2ステップ型/サブレンジング型/アルゴリズミック型 ·········· 155
- 5.6 パイプライン型 ·· 158
- 5.7 積分型と時間領域型 ······································ 165
  - 5.7.1 積分型 ·· 166
  - 5.7.2 時間領域型 ·· 170
- 5.8 タイムインターリーブ型 ·································· 173

6. オーバーサンプリング型 A/D 変換器

- 6.1 基本的な考え方 ·· 179
- 6.2 1次 $\Delta\Sigma$ 変調器 ································· 186
- 6.3 2次 $\Delta\Sigma$ 変調器 ································· 193
- 6.4 多段 $\Delta\Sigma$ 変調器 ································· 199
- 6.5 多ビット $\Delta\Sigma$ 変調器 ····························· 202
- 6.6 連続時間 $\Delta\Sigma$ 変調器 ····························· 206
- 6.7 デシメーションフィルタ ·································· 213
- 6.8 D/A 変換器 ·· 219

7. 技術動向

- 7.1 性能指標：FOM ………………………………………………… 224
- 7.2 低消費電力アンプ ………………………………………………… 229
  - 7.2.1 インバータ利用アンプ ……………………………………… 231
  - 7.2.2 電流スイッチ付きダイナミックアンプ …………………… 234
  - 7.2.3 自己飽和型ダイナミックアンプ …………………………… 236
- 7.3 ハイブリッド A/D 変換器 ……………………………………… 239
  - 7.3.1 パイプライン化 SAR ………………………………………… 239
  - 7.3.2 ノイズシェイピング SAR …………………………………… 242
- 7.4 デジタル支援技術 ………………………………………………… 245
  - 7.4.1 フォアグランド校正 ………………………………………… 247
  - 7.4.2 バックグランド校正 ………………………………………… 254
  - 7.4.3 ま と め ……………………………………………………… 257

引用・参考文献 ……………………………………………………… 258
索　　　引 ……………………………………………………………… 272

1 はじめに

　「集積回路に搭載された素子数は1年半から2年で倍増する」というムーア則に象徴されるように，プロセッサやメモリに代表されるデジタルLSIの回路規模は年々飛躍的に拡大し，その性能も飛躍的に改善された。その結果，従来，アナログ領域で行われてきた信号処理の大部分をデジタル領域で処理できるようになり，アナログ回路はしだいにデジタル回路に置き換えられてきた。アナログ回路と比較してデジタル回路は設計が容易で，雑音にも強く，プログラムの書き換えで多様な機能に対応できるため，装置の小型化，低コスト化も進んだ。一方，自然界の情報はアナログ量で表されている。人間が認識できる情報もアナログ量である。したがって，デジタルとアナログを相互に変換する装置が必要になる。

　本章では，まず，このような装置，すなわち**アナログ/デジタル変換器**および**デジタル/アナログ変換器**が果たしている役割について説明する。前者は **A/D 変換器**または **ADC**（analog-to-digital converter），後者は **D/A 変換器**または **DAC**（digital-to-analog converter）と呼ばれることも多い。以下ではこれらの名称を使う。つぎに，これらの動作原理，および，性能，技術動向について簡単に説明する。最後に，これらを踏まえて本書の狙いを述べ，この分野を学んでいく上での指針を示すことにしたい。A/D 変換器と D/A 変換器は技術基盤を共有しており，一つの話題としてまとめて議論される場合も多く，両者は合わせて**データ変換器**（data converter）と呼ばれる。

1.1 データ変換器の役割

近年用いられている典型的な信号処理システムのブロック図を図 1.1 に示す。アナログ入力信号が A/D 変換器でデジタル信号に変換され，**デジタル信号処理プロセッサ**（digital signal processor，**DSP**）で所望の信号処理が施された後，D/A 変換器で再びアナログ信号に変換される。スマートフォン（スマホ）を例にとると，画面をタッチした信号や音声信号が A/D 変換器でデジタル化され，内部の DSP で処理された後に，その出力が D/A 変換器で高周波アナログ信号に変換され，アンテナを介して電波として情報が基地局に送られる。また，自動車を例として考えれば，エンジンやタイヤの状況をモニタするためのさまざまなセンサがついていて，それらが温度や回転数などの物理量を電気信号に変換する。それらはアナログ量であり，A/D 変換器によりデジタル化され，自動車に搭載されたプロセッサで適切に処理された後，燃料供給系統やブレーキ系統を制御するための信号を生成する。そこでは，プロセッサのデジタル出力を D/A 変換器でアナログ信号に変えて，アクチュエータに伝える。

図 1.1　信号処理システムのブロック図

このような信号処理系が広く利用されるようになった背景にデジタル回路である DSP の飛躍的な性能改善があることはいうまでもないが，それだけではなく，データ変換器自体の性能向上にも注目する必要がある。データ変換器の歴史は古く，アルゴリズムの提案を含めると 16 世紀頃に遡るといわれている[1]†。実際に現在のような半導体を用いたデータ変換器が開発されたのは，トランジスタの発明に続く IC 技術が進展した 1960 年代である[2]。数多くの変換アルゴ

---

† 肩付き番号は巻末の引用・参考文献を示す。

リズムが提案され，さまざまな用途に応用されてきた．素子のスケールダウンに伴い，かつては専用ラックに収められていたA/D変換ユニットがICパッケージに収まるようになり，低価格で高性能なA/D変換が可能になった．最近では，さらに小型化，高性能化されたデータ変換器がコア回路としてユニット化され，マイクロコントローラにも搭載されるようになった．ユーザは気づかないが，われわれの身の回りには数え切れない数のA/D，D/A変換器が存在し，重要な役割を果たしている．広い応用分野からの要求条件をただ一つの方式で満足できるような，「万能」変換方式は存在せず，それぞれの応用に必要な要求性能を満足するためのさまざまな変換方式が提案され，適材適所で利用されている．言い換えれば，それだけ広い範囲でデータ変換器が利用されているともいえる．

情報処理分野でのデジタル化が進む一方で，自然界の情報は相変わらずアナログの物理量である．その境界にあるのがデータ変換器である．幾何学的に考えれば，デジタル信号処理のボリュームが増えると，図 **1.2** に示すように，境界の表面積も増えることになる．これはデータ変換器の活躍領域が増えることを暗示する．近い将来，大規模なセンサネットワークや **IoT** (internet of things)，スマートハウス/ソサエティなど，さまざまな領域で **AI** (artificial intelligence) の手法も駆使して，大量のアナログ情報を的確に処理できる高効率システムが開発されるものと考えられる．そこでは，高速・低消費電力デジタルプロセッサだけでなく，アナログとデジタルのインタフェースとしての高性能A/D，D/A変換器が必要となり，その役割がますます重要になると考えられる．

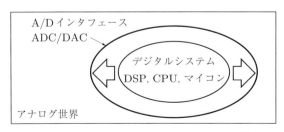

図 **1.2**　アナログ/デジタルインタフェースの拡大

1.2 データ変換器の動作原理

この節では，A/D 変換器および D/A 変換器の動作原理について簡単に説明する。

1.2.1 A/D 変換器

A/D 変換器の原理を説明するために，物の長さをデジタルで表すことを考えてみよう。図 **1.3** に示すように，物体 A の長さを 3 ビットのデジタルに変換するには，あらかじめデジタルコードが割り振られた物差しを用意し，物体 A の長さがどの区間に対応するのかを調べればよい。この例では 110 と名づけられた区間がそれに相当するため，それがデジタル出力となる。このような物差しを用意し，アナログ入力に対応するデジタルコードを出力するのが，A/D 変換である。デジタルコードとして 2 進符号を用いるとすれば，アナログ入力を電圧 V_{in}，N ビットのデジタル出力を $D_1 D_2 \cdots D_N$ としたとき

$$V_{\text{ref}} \left(D_1 2^{-1} + D_2 2^{-2} + \cdots + D_N 2^{-N} \right) = V_{\text{in}} + V_Q \tag{1.1}$$

が成り立つ。V_{ref} は入力のフルスケール電圧に相当する量で，**参照電圧**（reference voltage）と呼ばれる。V_Q は丸め誤差に相当する量で，**量子化誤差**（quantization error）と呼ばれる。また，この式のように，アナログ量を N ビットで表現したとき，N をビット分解能，あるいは単に分解能と呼ぶ。連続的に変化するアナログ量が，物差しにつけた目盛りで区切られた区間のうちの，どれに属する

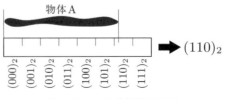

図 **1.3** A/D 変換器の原理

かを決める手続きを量子化と呼ぶ。また，それぞれの区間にデジタル符号を対応させ，量子化により決まった区域に対応する符号を出力することを符号化と呼ぶ。

デジタル値は，量子化された離散的な量を表すだけでなく，時間的にも離散化されているという特徴がある。すなわち，アナログ信号としては時間的に連続して変化する量を，あらかじめ設定した時間間隔で拾い上げ，それらの値だけをデジタル値に変換する。これをサンプリング（標本化）と呼び，通常は一定の時間間隔で拾い上げる。以上のように，A/D 変換では，「標本化」「量子化」「符号化」が基本的な信号操作である。標本化と量子化は，通常，この順で処理されることが多い。その理由は，N ビットに分解する量子化のほうが，単に信号を拾い上げるだけの標本化と比較して複雑で，時間を要する場合が多いためである。

図 1.4 は A/D 変換器の回路記号を示している。アナログ入力値とともに，量子化のために必要な参照電圧と，標本化のためのクロック信号 V_clk を入力する。

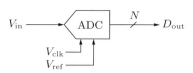

図 1.4　A/D 変換器の回路記号

アナログ値をデジタル化したとき，最下位ビット 1 ビットに相当する電圧 V_LSB は

$$V_\text{LSB} = \frac{V_\text{ref}}{2^N} = V_\text{ref} \times 1\,\text{LSB} \tag{1.2}$$

で与えられる。ここで，$1\,\text{LSB} = 1/2^N$ とした。LSB は**最下位ビット**（least significant bit）のことである。このとき，量子化誤差 V_Q は

$$-\frac{1}{2}V_\text{LSB} < V_Q \leqq \frac{1}{2}V_\text{LSB} \tag{1.3}$$

を満足する。例として，3 ビット A/D 変換器の入出力特性と量子化誤差を**図 1.5** に示す。簡単化のため，$V_{\text{ref}} = 1$ とした。式 (1.1) で定義された量子化誤差 V_Q が $\pm 0.5\,\text{LSB}$ の範囲内にあることに注意する。

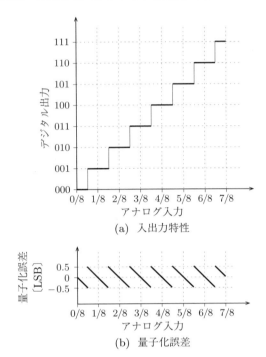

図 1.5 3 ビット A/D 変換器の入出力特性と量子化誤差

正弦波入力に対する 3 ビット A/D 変換器の入出力波形と量子化誤差を**図 1.6** に示す。破線で表された正弦波入力に対して，サンプリングした後に量子化した値を○で示す。横軸の目盛りはサンプリング間隔 T_s で規格化した時間を示す。T_s はサンプリング周期と呼ばれる。また，この逆数 $1/T_s$ はサンプリング周波数[†]である。図 1.6 (b) では，前の例と同様に，○が $\pm 0.5\,\text{LSB}$ の中に入っていることが確認できる。破線は，A/D 変換器出力と入力の差を表したもので，

[†] サンプリングレートとも呼ばれる。そのときの単位は S/s（サンプル/セカンド）である。

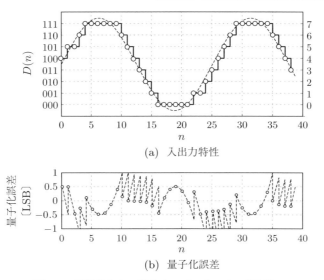

(a) 入出力特性

(b) 量子化誤差

図 1.6　正弦波入力に対する 3 ビット A/D 変換器の入出力特性と量子化誤差

$\pm 0.5\,\mathrm{LSB}$ の範囲を超えている部分もあるが，A/D 変換ではサンプリングした値（○の値）のみが意味を持つため，問題にはならない。

　ビット数で表す分解能は，データ変換器の重要な性能指標の一つである。例えば $1\,\mathrm{kg}$ のものを g 単位で正確に表現しようとすると，10 進で 3 桁の精度が必要である。$2^{10} = 1024$ であるから，この場合にはおよそ 10 ビットの分解能が必要である。同様に，$1\,\mathrm{kg}$ のものを $1\,\mathrm{mg}$ の精度で量ろうとする場合には，20 ビットの分解能が必要になる。普通のデジタルオシロスコープの液晶ディスプレイの縦軸は 256 ピクセルで表されていて，8 ビット分解能の A/D 変換器が用いられている。

　最も簡単な 3 ビット A/D 変換器の例を**図 1.7** に示す。サンプリングの結果，時間に対して連続的に変化する入力信号 $V_{\mathrm{in}}(t)$ が離散信号 $V_{\mathrm{in}}(n)$ に変換される。つぎに，$V_{\mathrm{in}}(n)$ を量子化し，最後に，符号化して出力コードを得る。図 1.7(b) はそれを回路で実現した例である。S/H はサンプル/ホールド回路と呼ばれる回路で，クロック信号（V_{clk}）で与えられたタイミングでサンプリングを行

8   1. は じ め に

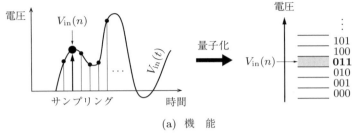

(a) 機　能

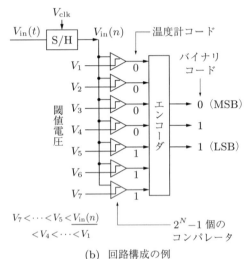

(b) 回路構成の例

図 1.7　3 ビット A/D 変換器の機能と回路構成の例

う。サンプリングされた値と，あらかじめ決められた複数の閾値電圧 V_1〜V_7 との大小関係をコンパレータ（比較器）と呼ばれる回路で判定し，その結果を「0」「1」で出力する。この図では，コンパレータへの二つの入力端子のうち，上の端子の値が下の端子の値より大きければ「1」が出力されることを想定している。閾値電圧は，例えば参照電圧を抵抗分圧することで得られる。この例では

$$V_4 > V_{\text{in}}(n) > V_5 \tag{1.4}$$

であると仮定している。このとき，下から 3 番目までのコンパレータの出力が「1」，その上にある 4 個のコンパレータの出力が「0」となる。これを上から並

べると「0000111」が出力されたことになる．このようなコード（符号）を温度計コードと呼ぶ．入力が大きくなると「1」が多くなり，この図では「0」と「1」の境界が上に移動することが，温度が高くなったときの水銀柱の動きになぞらえている．これは冗長的な表現で，コンパクトなバイナリ信号に符号化（エンコード）して最終的なデジタル出力を得る．温度計コードとバイナリコードの対応表を**表 1.1**に示す．

表 1.1 バイナリコード b_i と温度計コード d_i の対応表

$b_1 b_2 b_3$	$d_1 d_2 d_3 d_4 d_5 d_6 d_7$
000	0000000
001	0000001
010	0000011
011	0000111
100	0001111
101	0011111
110	0111111
111	1111111

1.2.2 D/A 変換器

D/A 変換では，**図 1.8**に示すように，2で重み付けされた長さを持つ定規を用意し，入力コードの「1」に相当する長さの定規だけを取り出してそれをつなぎ合わせることで，デジタル入力値に相当するアナログ出力を得る．

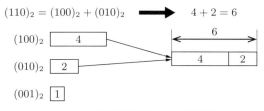

図 1.8 D/A 変換器の原理．110 に相当するアナログ量を生成する例．

D/A 変換器の回路記号を**図 1.9**に示す．2進符号化されたデジタル値 $D_{\text{in}} = D_1 D_2 \cdots D_N$ を想定すれば，アナログ出力値 V_{out} は

1. はじめに

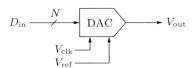

図 1.9　D/A 変換器の回路記号

$$V_{\text{out}} = V_{\text{ref}} \left(D_1 2^{-1} + D_2 2^{-2} + \cdots + D_N 2^{-N} \right) \tag{1.5}$$

と書ける。A/D 変換器の場合と異なり，量子化誤差は式の中に現れない。3 ビット D/A 変換器の入出力特性を図 **1.10** に示す。また，3 ビット D/A 変換器の回路例を図 **1.11** に示す。V_{ref} を抵抗列で分圧し，0 V から $(1/8)V_{\text{ref}}$ ステップで $(7/8)V_{\text{ref}}$ までの出力候補を抵抗間の端子電圧として準備する。つぎに，入力デジタル値に対応して MOSFET スイッチを操作し，それに対応した端子電圧を出力と接続する。例えば入力が 110 であったとすると，$b_1, b_2, \overline{b_3}$ が HIGH となり，それがゲート入力となっている MOSFET が ON 状態になる。この場合は V_x が V_{out} とつながり，$(3/4)V_{\text{ref}}$ が出力されることになる。

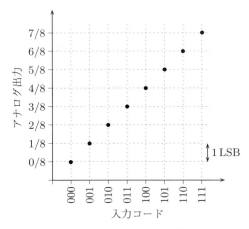

図 **1.10**　3 ビット D/A 変換器の入出力特性

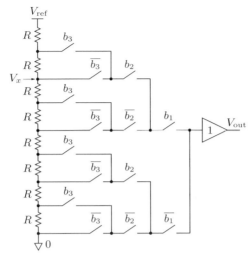

図 1.11　3 ビット D/A 変換器の回路例

1.2.3　A/D 変換器に内蔵された D/A 変換器

D/A 変換器は単独で動作するが，A/D 変換器は D/A 変換器の助けを借りて動作することが多い。例えば，2 で重み付けされた分銅で重さを量る手順[†]を考える。物体の重さの最大値が 8 であることがわかっていたとする。図 1.12 に示すように，まず 4 の重さの分銅を使って重さを比較する。物体のほうが重い

図 1.12　2 で重み付けされた分銅で
　　　　重さを量る手順

[†] 2 分探索法と呼ばれるアルゴリズムであり，実際の実現方法の詳細は 5.4 節で説明する。

場合は 2 の分銅を追加し再び比較する。この場合も物体 B が重ければ，さらに 1 の分銅を追加して比較する。このとき分銅の合計が物体 B より重くなったとすると，物体 B の重さは 6 と 7 の間であることがわかる。その結果，デジタル出力は 110 として得られる。これは A/D 変換をしていることになり，その過程で 2 で重み付けされた分銅を使っている。つまり，まず最初の推定値として 100 を仮定し，D/A 変換器の出力 4 と比較する。つぎに，110 として D/A 変換器の出力 6 と比較する。最後に，111 として D/A 変換器の出力 7 と比較する。このように比較を続けることで A/D 変換をしていることになり，その過程で 2 で重み付けされた分銅を使っている。すなわち，D/A 変換器を補助的に用いていることがわかる。

　この過程をブロック図で表したのが図 1.13 である。上位ビットから順に推定値を決め，入力と比較することで，最終的な D/A 変換器出力を V_{in} に近づける。そのときの D/A 変換器への入力が A/D 変換器の出力である。実際には，レジスタを用いて推定値を順にためて，最終的な結果を出力する。このように，A/D 変換器では，D/A 変換器で初期値を決め，それとアナログ入力が等しくなるように D/A 変換器にフィードバック信号を与えていき，最終的に入力と D/A 変換器の出力との差が小さくなったところで，D/A 変換器への入力となっているデジタル値を出力とする方法を採用することが多い。

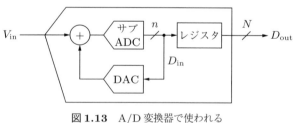

図 1.13　A/D 変換器で使われる内部 D/A 変換器

1.3 性能と技術動向

技術動向を示すため，集積回路に関する多くの優れた論文が発表されることで知られている**国際固体回路会議**（International Solid-State Circuits Conference, ISSCC）および**VLSI回路シンポジウム**（Symposium on VLSI Circuits, VLSI）で採択された A/D 変換器に用いられたテクノロジーの年代推移を図 **1.14** に示す[†]。最先端では 14nmFinFET が使われるなど，CMOS デジタル LSI で使用される最先端技術が A/D 変換器にもほぼ同時期に導入されていることがわかる。一方で，デジタルとしては何世代も前の $0.18\,\mu m$ テクノロジーも依然として用いられていることにも注目したい。これは，応用分野の拡大とともに要求性能が多様化し，スケール CMOS 技術を駆使して高速化を狙う一方で，成熟した安価なテクノロジーを利用して，必要な性能は維持しつつ低コスト化を図る研究開発も同時に進行していることを意味している。

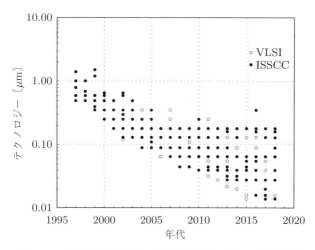

図 **1.14** A/D 変換器に用いられたテクノロジーの年代推移

[†] ISSCC および VLSI で発表された A/D 変換器に関するデータ一覧がウェブサイトで公開されている[3]。この節の図面は，そのデータに基づき，著者が作成したものである。

14   1. は じ め に

図 1.15 は A/D 変換器に採用されたアーキテクチャ（方式）の年代別推移を示している。逐次近似（SAR）型，および，パイプライン型，$\Delta\Sigma$ 型がおもな検討対象となり，2000 年以降，研究開発活動が活性化して現在に至っている。特に，2000 年代後半からは逐次近似型の研究発表件数が増加していることがわかる。逐次近似型は真空管時代から使われていたが，近年，素子微細化が進むにつれて，低消費電力で動作するこの古いアーキテクチャが見直されていることを示している。また，$\Delta\Sigma$ 型に関しては従来の離散時間型から，通信用途を目指し，高速動作に適した連続時間型にも焦点が当てられていることが読み取れる。それぞれのアーキテクチャの詳細については以下の章で解説するが，ここではデータ変換器に関して精力的な研究開発が進められており，しかも，複数のアーキテクチャが併行して検討されていることを指摘しておきたい。さらに，それらを組み合わせたハイブリッド化も進んでいること，その背景には，CMOS 技術の微細化による素子レベルでの性能改善と，それがアナログ回路の

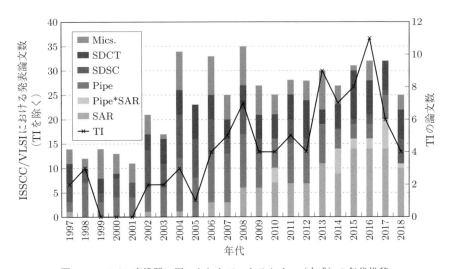

図 1.15 A/D 変換器に用いられたアーキテクチャ（方式）の年代推移。SAR は逐次近似型，Pipe はパイプライン型，SDSC は離散時間 $\Delta\Sigma$ 型，SDCT は連続時間 $\Delta\Sigma$ 型，TI はタイムインターリーブ型，Pipe*SAR はパイプライン化された逐次近似型，Mics. はその他を，それぞれ意味する。

設計方針に影響を及ぼしていることも指摘しておく．一方で，図 1.15 に挙げた各方式は，研究開発の観点から見たときの，高い関心を集めている方式であることに注意する．実用上は，これら以外の成熟した方式を採用した A/D 変換器が製品として広く利用されている．したがって，本書では，今日の研究開発の最先端で注目されている方式と同時に，広く実用化されている成熟した方式も併せて説明していく．

今日，A/D 変換器が広い分野に応用されることから，それに要求される性能指標も多岐にわたっている．その中で最も基本的なものが，変換速度，分解能，消費電力である．変換速度は変換可能な入力周波数帯域に関係し，2.1 節で説明するナイキストのサンプリング定理に従うと，変換速度が速ければ入力信号帯域も広がり，高周波信号の A/D 変換が可能になる．分解能はビット数または量子化誤差を雑音に見立てた信号対雑音比（SNR）で表される．消費電力は A/D 変換器の動作状態で大きく異なる．消費電力の大小の目安を示すため，次式で示されるような**性能指標**（figure of merits，**FOM**）がよく利用される．

$$\mathrm{FOM} = \frac{P}{f_s \cdot 2^N} \tag{1.6}$$

ここで P は消費電力，f_s はサンプリング周波数である．動作周波数が高ければそれに比例して消費電力が高くなることは，CMOS 論理回路とのアナロジーから推測される．また，分解能を高くすれば消費電力が大きくなることも予想できることから，規格化した消費電力として式 (1.6) が妥当なものであることは理解できるであろう．FOM の詳細は 7.1 節で述べる．

2018 年現在の A/D 変換器の性能を**図 1.16** に示す．縦軸は消費電力を動作周波数（ナイキストレート）f_{snyq} で割った値で，1 変換当りに必要なエネルギーを意味する．横軸は**有効ビット数**（effective number of bits，**ENOB**）と呼ばれる分解能を表す指標で，詳細は 2.2 節で述べるが，分解可能な最大ビット数と考えてよい．ビット分解能が高く消費エネルギーが少ないもの，すなわち，矢印で示したようにこのグラフの右下の領域が目標とする性能である．しかし，

16　1. は じ め に

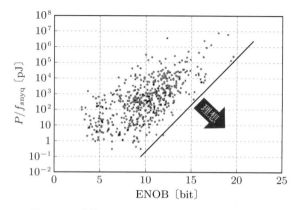

図 1.16　変換に必要なエネルギーと分解能の関係

この図に示すように，数多くの実験データが示すところによれば，高い分解能を得るには，より多くのエネルギーが必要であるといえる。変換方式上の工夫や，最先端テクノロジーの採用で，少しずつではあるものの漸近線が理想方向に移動しており，今後もその傾向は続くものと期待できる。漸近線は FOM の式の傾向と定性的には合致している。しかし，漸近線の傾きを見ると式 (1.6) より傾きが急で，より実態を反映したモデル作りが必要であることを意味している。このあたりについても 7.1 節で述べる。

ビット分解能と入力信号周波数 f_{in} の関係を図 1.17 に示す。縦軸は有効ビット数（ENOB）を表す。目標とする領域を右上の矢印で示しており，高速で高分解能が達成できれば理想的である。しかし，実際の回路で測定されたデータは，右下がりの漸近線で表したように，高速化すると分解能が落ちる。詳しい発表年代を調べてみると，年代とともに漸近線が右上方向に移動するものの，図 1.16 と比較して，その速度は鈍いことがわかる。これは，回路設計・方式選択上の工夫や最先端プロセスの導入だけでは解決できない別の側面があることを示唆している。これにはサンプリングタイミングのジッタが関係しており，これに関しては 2.1 節および 3 章で説明する。

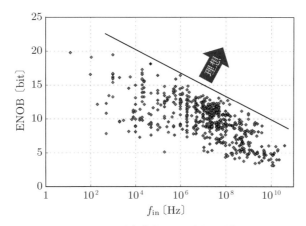

図 1.17　分解能とバンド幅の関係

実際にA/D変換器が応用されている分野を図 1.18 に示す。高精度計測応用から，超高速光通信用途まで，図 1.17 で示した漸近線に沿って，幅広い応用分野が並んでいることがわかる[†]。

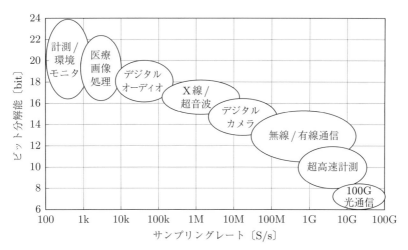

図 1.18　A/D 変換器の応用分野

[†] 応用分野のレビュー論文[4]) に基づき作成した。

1.4　本書の目的

　本書では，以上に述べた歴史的な経緯，最近の技術トレンドを踏まえ，A/D，D/A 変換技術の基礎に焦点を当て，信号処理，変換方式，回路実装，基本回路ブロックについて説明するとともに，現在の重要課題である低消費電力化，デジタル校正，ハイブリッド構成についても触れる。その目的は，データ変換技術の基礎を理解することで，現在，進展が目覚ましいこの分野の将来展開に対応できる柔軟性を養うことである。読者としては，これからこの分野の研究開発に携わろうとする者だけでなく，A/D 変換器や D/A 変換器のユーザとして，新たに装置やシステムを設計・開発していこうとする技術者も想定している。革新的なセンサネットワークや IoT を構築するためには，ソフトからハードまでの幅広い技術者の結集が必要である。ソフト開発者もここに述べた基礎事項を理解することで，ハード技術者との円滑なコミュニケーションが進むことを期待している。

　本書を執筆する上では，特に
1. 基本事項を重点的，体系的に説明すること
2. 素子微細化を反映した変換方式/回路技術動向に配慮すること
3. 引用文献の例示で最先端への橋渡しをすること

に留意した。前提とする知識としては，学部レベルの基本的なアナログ IC 設計，デジタル信号処理を想定している。特に，オペアンプの特性や z 変換を利用した離散信号処理の基礎を知っていることが望ましい。

　なお，データ変換器に関しては，すでに優れた参考書[5)~9)]，ハンドブック[10)]，オーバーサンプリング型 A/D 変換器に特化した参考書[11), 12)]，アナログ集積回路も含めた参考書[13)~16)] が出版されている。また，IEEE Solid-State Circuits Magazine の 2015 年 7 巻 3 号，IEEE International Solid-State Circuits Conference（ISSCC）2016 年と 2017 年のフォーラム，これまでのショートコー

ス，チュートリアル†などで，データ変換器の話題が取り上げられている。本書執筆にあたり参考にさせていただいた。読者諸氏にも，必要に応じて，あるいは，さらに理解を深めたいとき，それらを参照することをお勧めしたい。

---

† 2006 年 SC1〜SC4（A/D 変換器性能限界，パイプライン，$\Delta\Sigma$ 変調器，低電圧），2007 年 T2（連続時間 $\Delta\Sigma$ 変調器），2008 年 T2（パイプライン），2009 年 T6（SAR），2012 年 SC3（A/D 変換器性能限界），2014 年 T5（パイプライン），2015 年 SC3（微細化 CMOS A/D 変換器），2015 年 T5（高速 SAR）。略称は本文参照。

2 A/D 変換の基本原理

　本章では，A/D 変換および D/A 変換を行うときの基本となるサンプリングと量子化について説明する。時間領域でアナログ信号を離散化するサンプリング（標本化）に関しては

1. サンプリング後の離散信号から元のアナログ信号を正しく再現するには，信号帯域の少なくとも 2 倍の周波数でサンプリングしなければならないこと（サンプリング定理）
2. アナログ信号をサンプリングすると，異なる周波数領域にあった信号が互いに重なり区別がつかなくなる（エリアシング）ため，サンプリングの前にアンチエリアシングフィルタが必須であること
3. ナイキストレートでサンプリングするほかに，オーバーサンプリングおよびアンダーサンプリングという手法があること
4. サンプリングタイミングの変動（ジッタ）があると**信号対雑音比**（signal-to-noise ratio，**SNR**）が劣化すること

などについて述べる。
　また，サンプリングした値（通常は電圧値）を離散値に変換する量子化では

1. 量子化誤差がデータ変換器の SNR の上限を決めること
2. 正弦波を想定したとき，ビット分解能 N と SNR の間には

$$\mathrm{SNR} = 6.02N + 1.76 \ [\mathrm{dB}] \tag{2.1}$$

　　が成立すること

について述べる。これらを前提として 3 章以降の説明をするので，十分理解し

ておく必要がある．すでに理解している読者は，この章を飛ばしてさしつかえない．

2.1 サンプリング

サンプリング（標本化）とは，連続的に変化するアナログ信号を，あらかじめ定められた時刻で次々と拾い上げていくことである．通常は一定の時間間隔でサンプリングを行う．その様子を**図 2.1** に示す．この図は，時間に関して連続的に定義されたアナログ値 $x(t)$ を時間間隔 T でサンプリングした例を示している．$x^*(t)$ はサンプリング後の関数で，$t = nT$ のときだけ値が定義される，すなわち，時間領域で離散化された関数である．n を整数として，$x^*(nT)$ または $x^*(n)$ と記述する．いずれも $x(nT)$ の値と等しい．

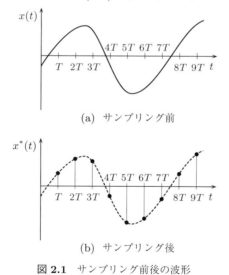

図 2.1　サンプリング前後の波形

2.1.1　サンプリング定理と折り返し

サンプリングによる折り返しを説明するために，まず，周波数の異なる三つの正弦波を同じサンプリング周波数 f_s（$= 50\,\mathrm{Hz}$）でサンプリングすることを

考える。図 **2.2** の (a) から (c) はその様子を示す。サンプリングした値だけを取り出すと，いずれも図 2.2 の (d) に示す値と同じで，サンプリングした値 (d) は元の正弦波と 1 対 1 対応していない。したがって，サンプリングした値に基づき元の連続信号の性質を考察するときには，注意が必要である。このことをもう少し一般化して考えてみよう。

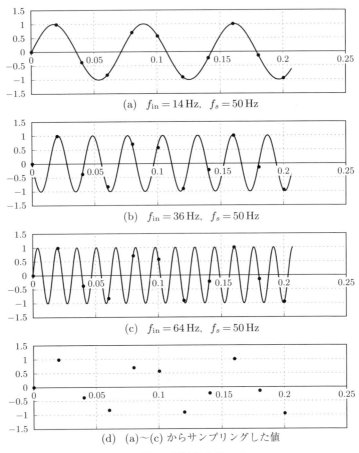

(a) $f_{in} = 14\,\text{Hz}$, $f_s = 50\,\text{Hz}$

(b) $f_{in} = 36\,\text{Hz}$, $f_s = 50\,\text{Hz}$

(c) $f_{in} = 64\,\text{Hz}$, $f_s = 50\,\text{Hz}$

(d) (a)〜(c) からサンプリングした値

図 **2.2** 異なる周波数を持つ三つの正弦波のサンプリング

(1) **サンプリング前後のスペクトル変化**　図 **2.3** で $f(t)$ は時間に対して連続的に変化するアナログ信号を示す。これを周期 T でサンプリングすることを考える。サンプリングした値は時間 τ だけホールド（保持）されると仮定したときのアナログ信号の波形もこの図に示した。図に示したようにサンプリング後はパルス列になる。n 番目のパルスは

$$f_n(t) \equiv kf(nT)\left[u\left(t-nT\right)-u\left(t-nT-\tau\right)\right] \tag{2.2}$$

と表すことができる。ここで $u(t-nT)$ は

$$u(t-nT) = \begin{cases} 0, & \text{if } t < nT \\ 1, & \text{if } t \geqq nT \end{cases} \tag{2.3}$$

を満足するステップ関数である。また，k は任意のパルス幅 τ に対してパルス面積を一定に保つための定数 $k=1/\tau$ である。サンプリングによって得られたパルス列 $f^*(t)$ はつぎのように表せる。

$$f^*(t) \equiv \sum_{n=-\infty}^{\infty} f_n(t) \tag{2.4}$$

$$= k\sum_{n=-\infty}^{\infty} f(nT)\left[u\left(t-nT\right)-u\left(t-nT-\tau\right)\right] \tag{2.5}$$

パルス列 $f^*(t)$ のラプラス変換 $F^*(s)$ を求めると

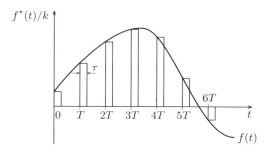

図 **2.3**　アナログ信号のサンプリング

$$F^*(s) \equiv k \sum_{n=-\infty}^{\infty} f(nT) \left[\frac{1}{s} e^{-nTs} - \frac{1}{s} e^{-(nT+\tau)s}\right] \tag{2.6}$$

$$= k \frac{1-e^{-\tau s}}{s} \sum_{n=-\infty}^{\infty} f(nT) e^{-nTs} \tag{2.7}$$

となる．パルス幅を狭くしたときの極限 $\tau \to 0$ を考えると

$$F^*(s) = k \frac{1-(1-\tau s)}{s} \sum_{n=-\infty}^{\infty} f(nT) e^{-nTs} \tag{2.8}$$

$$= \sum_{n=-\infty}^{\infty} f(nT) e^{-nTs} \tag{2.9}$$

となる．この式は，$F^*(s)$ がサンプリングされた値のみで決まる関数で，サンプリング間で連続的に変化しているときの値には依存しないことを示している．パルス幅を狭くした極限でのサンプル値列 $f^*(t)$ の周波数スペクトルを求めるには，式 (2.9) における s を $j\omega$ に置き換えればよく

$$F^*(j\omega) = \sum_{n=-\infty}^{\infty} f(nT) e^{-j\omega nT} \tag{2.10}$$

を得る．一方，パルス幅を狭くした極限でのサンプル値列 $f^*(t)$ を

$$f^*(t) = \sum_{n=-\infty}^{\infty} f(t) \delta(t-nT) \tag{2.11}$$

と書き，そのフーリエ変換を求めると

$$\int_{-\infty}^{\infty} f^*(t) e^{-j\omega t} dt = \int_{-\infty}^{\infty} \left(\sum_{n=-\infty}^{\infty} f(t) \delta(t-nT)\right) e^{-j\omega t} dt \tag{2.12}$$

$$= \sum_{n=-\infty}^{\infty} f(nT) e^{-j\omega nT} \tag{2.13}$$

となり，式 (2.10) と等しいことがわかる．そこで，デルタ関数に関するフーリエ変換の公式を使って式変形を進めると

$$F^*(j\omega) = \frac{1}{T} \sum_{k=-\infty}^{\infty} F\left(j\omega - jk\frac{2\pi}{T}\right) \tag{2.14}$$

を導出できる（詳細は本項 (5) を参照）。ここで，右辺の $F(j\omega)$ は元の連続信号のフーリエ変換

$$F(j\omega) \equiv \int_{-\infty}^{\infty} f(t)e^{-j\omega t} dt \tag{2.15}$$

である。この式は，サンプリング後のスペクトルは，サンプリング前のスペクトルを角周波数 $2\pi/T$ で繰り返したものになることを意味している。サンプリング周波数を f_s とすれば，サンプリング後のスペクトルは元のスペクトルを周期 f_s で繰り返したものとなる。

最初に示した例でいえば，14 Hz の正弦波は ± 14 Hz にピークを持つスペクトルで描ける[†]から，それを 50 Hz で繰り返すと図 2.4 が得られる。すなわち，14 Hz のほかに 36 Hz，64 Hz などに新たなピークが出現することがわかる。36 Hz の正弦波を 50 Hz でサンプリングしたときにも同じことが起き，14 Hz の正弦波を 50 Hz でサンプリングしたときのスペクトルと一致する。すなわち，これらは区別できなくなるわけである。

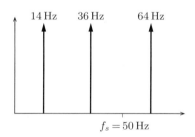

図 2.4　正弦波信号をサンプリングしたときのスペクトル変化

(2)　サンプリング列から元の連続時間信号の復元　　サンプリング列から元の連続時間信号の復元方法を考えるため，式 (2.14) で $[-\pi/T, \pi/T]$ 内にあるメインローブと呼ばれる部分だけを取り出した $\hat{F}(j\omega)$，すなわち

[†]　ここで考えている信号は実数であり，実数のフーリエ変換の絶対値は $\omega = 0$ に対して左右対称になる。

2. A/D 変換の基本原理

$$\hat{F}(j\omega) \equiv H(j\omega) F^*(j\omega) \tag{2.16}$$

を考える。ここで，伝達関数 $H(j\omega)$ を

$$H(j\omega) \equiv \begin{cases} T, & \text{if } |\omega| \leqq (\pi/T) \\ 0, & \text{if } |\omega| > (\pi/T) \end{cases} \tag{2.17}$$

と定義した。

もし，図 **2.5** における $F_A(j\omega)$ のように，サンプリングする前の連続信号のスペクトルが区間 $[-\pi/T, \pi/T]$ 内に収まっていれば，式 (2.16) の $\hat{F}(j\omega)$ は，サンプリングする前の連続信号のスペクトル $F_A(j\omega)$ と同じになるから，それを逆フーリエ変換した $\hat{f}(t)$ も元の連続信号 $f(t)$ と一致する．すなわち

$$f(t) = \hat{f}(t) = \int_{-\infty}^{\infty} \hat{F}(j\omega)e^{j\omega t}dt \tag{2.18}$$

となるはずである．

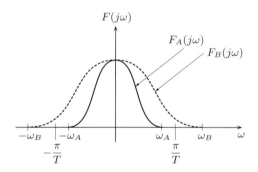

図 **2.5** サンプリング前の連続信号のスペクトル

一方，もし，図 2.5 における $F_B(j\omega)$ のように，サンプリングする前の連続信号のスペクトルが区間 $[-\pi/T, \pi/T]$ 内に収まっていなければ，図 **2.6** の $F_B^*(j\omega)$ として示すとおり，区間外にはみ出た部分が互いに重なり合ってしまう．そのため，たとえ伝達関数 $H(j\omega)$ を掛けてメインローブに相当する部分を取り出したとしても，それは元の連続信号のスペクトル $F_B(j\omega)$ とは異なる．

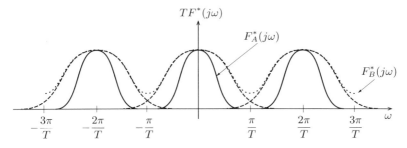

図 **2.6** サンプル値の周波数スペクトル

したがって，逆フーリエ変換した $\hat{f}(t)$ も元の連続信号 $f(t)$ とは異なったものとなる。

すなわち，サンプリングした離散値から元の連続信号を復元するためには，元の連続信号のスペクトルが区間 $[-\pi/T, \pi/T]$ 内に収まっている必要があることがわかる。この条件下で式 (2.18) を計算すると，以下の式を得る（詳細は本項 (5) を参照）。

$$f(t) = \sum_{n=-\infty}^{\infty} f(nT) \frac{\sin\left[(\pi/T)(t-nT)\right]}{(\pi/T)(t-nT)} \tag{2.19}$$

ここで，$f(nT)$ はサンプリングした離散値，$f(t)$ は元の連続信号である。

最初に述べた正弦波の例で説明すると，図 **2.7** で示すように，破線の枠で示したメインローブの部分だけを取り出してフーリエ逆変換すれば，元の 14 Hz の入力正弦波が得られることになる。

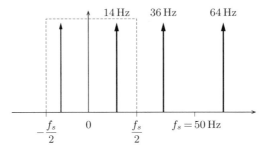

図 **2.7** 正弦波信号をサンプリングしたときのスペクトル変化。破線の枠はメインローブを示す。

（3）サンプリング定理　サンプル値から入力連続信号を再現できるために前項で述べた条件は，元の信号のスペクトルが区間 $[-\pi/T, \pi/T]$ 内に収まっていることであった。これは，入力信号に含まれるすべての周波数成分が $f_s/2$ を満足する，と言い換えることができる。ここで f_s はサンプリング周波数である。信号に含まれる周波数成分の中で最大の周波数が f_B であるとき，f_B を信号帯域幅と呼ぶ。これを用いて言い換えれば，サンプリング周波数 f_s が $2f_B$ 以上であれば，サンプル値から元の信号を再現できる，といえる。これをサンプリング定理と呼ぶ。提唱者の名前をつけてナイキストのサンプリング定理と呼ぶこともある。$2f_B$ をナイキストレートと呼ぶ。一方，ある信号を周波数 f_s でサンプリングするとき，周波数 $f_s/2$ をナイキスト周波数と呼ぶ。信号帯域幅がナイキスト周波数以下であれば，サンプル値から元の信号を再現できる。ナイキストレートとナイキスト周波数は名称が紛らわしいが，このように区別して使われることが多いため，注意する。また，$f_s \approx 2f_B$ でサンプリングすることを，ナイキスト条件下でサンプリングする，と呼ぶことがある。

（4）エリアシング（折り返し）とアンチエリアシングフィルタ　図 **2.8** (a) に示すように，f_1 の正弦波が存在する状況下で，スペクトル F_c を持つ連続信号をサンプリングすることを考える。サンプリングする前にはこれらは分離しているが，式 (2.14) で示したように，周波数 f_s でサンプリングしたとき，元のスペクトルが周期 f_s で周期的に繰り返されると，図 2.8 (b) に示すように，サンプリング前は重なっていなかった正弦波が折り返されることで，$\pm f_s/2$ の区間にあった元の信号のスペクトルに重なることになる。このように，スペクトルが $kf_s/2$ で折り返され，元の周波数と異なる周波数で現れることをエリアシング[†]と呼ぶ。もちろん連続信号も $kf_s/2$ で折り返され，周期的に繰り返され広がることになる。ここで k は整数である。

エリアシングで帯域外にあった信号成分が帯域内の信号に重なることは，元の信号のスペクトルがサンプリングにより変形してしまい，元の信号が正しく再現できなくなることを意味する。これは絶対に避けなければならない。その

[†] 「別名で現れる」という意味。

2.1 サンプリング　29

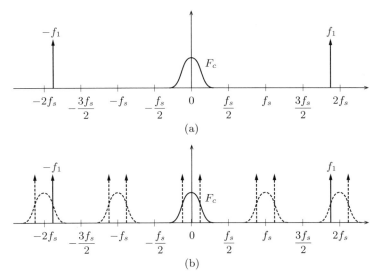

図 2.8 帯域外信号の信号帯域への折り返し

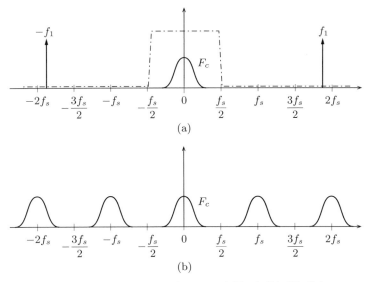

図 2.9 アンチエリアシングフィルタを用いた折り返し防止

ために必要なのが図**2.9** (a) の一点鎖線で示す特性を有するフィルタである。このフィルタを用いて，サンプリング前に信号帯域外にある信号を除去しておけば，サンプリング後のスペクトルにおいて，図 2.9 (b) に示すように，信号帯域に余分な信号が折り返されることがなくなり，正しい信号処理が可能になる。このようなフィルタのことをアンチエリアシングフィルタと呼ぶ。サンプリング後に F_c が周期的に広がるが，式 (2.16) で示したように，$\pm f_s/2$ の区間だけを取り出して逆フーリエ変換すれば，式 (2.19) により元の信号を正確に復元できることになる。

（5） 数式の導出　　以下はこれまでに用いた重要な数式の導出である。式変形を追う必要がなければ，読み飛ばしてもさしつかえない。

（a） 式 (2.14) の導出　　入力信号をサンプリングしたときの離散値を

$$f^*(t) = \sum_{n=-\infty}^{\infty} f(t)\delta(t-nT) \equiv f(t)s(t) \tag{2.20}$$

と表し，$f(t)$ と $s(t)$ のフーリエ変換を考える。デルタ関数のフーリエ変換の公式（本項（b）を参照）を用いて

$$F(j\omega) \equiv \int_{-\infty}^{\infty} f(t)e^{-j\omega t}dt \tag{2.21}$$

$$\begin{aligned}S(j\omega) &\equiv \int_{-\infty}^{\infty} s(t)e^{-j\omega t}dt \\ &= \frac{2\pi}{T}\sum_{k=-\infty}^{\infty}\delta\left(\omega - k\frac{2\pi}{T}\right)\end{aligned} \tag{2.22}$$

と書ける。したがって，これらの積をフーリエ変換すると

$$\begin{aligned}F^*(j\omega) &\equiv \int_{-\infty}^{\infty} f(t)s(t)e^{-j\omega t}dt \\ &= \int_{-\infty}^{\infty} f(t)\left[\frac{1}{2\pi}\int_{-\infty}^{\infty} S(j\omega')e^{j\omega' t}d\omega'\right]e^{-j\omega t}dt \\ &= \int_{-\infty}^{\infty} f(t)\left[\frac{1}{2\pi}\int_{-\infty}^{\infty}\frac{2\pi}{T}\sum_{k=-\infty}^{\infty}\delta\left(\omega' - k\frac{2\pi}{T}\right)e^{j\omega' t}d\omega'\right]e^{-j\omega t}dt\end{aligned}$$

$$= \frac{1}{T}\int_{-\infty}^{\infty}\left[\int_{-\infty}^{\infty}f(t)\sum_{k=-\infty}^{\infty}\delta\left(\omega'-k\frac{2\pi}{T}\right)e^{j\omega't}e^{-j\omega t}dt\right]d\omega'$$

$$= \frac{1}{T}\int_{-\infty}^{\infty}\sum_{k=-\infty}^{\infty}\delta\left(\omega'-k\frac{2\pi}{T}\right)\left[\int_{-\infty}^{\infty}f(t)e^{j\omega't}e^{-j\omega t}dt\right]d\omega'$$

$$= \frac{1}{T}\int_{-\infty}^{\infty}\sum_{k=-\infty}^{\infty}\delta\left(\omega'-k\frac{2\pi}{T}\right)F(j\omega-j\omega')d\omega'$$

$$= \frac{1}{T}\sum_{k=-\infty}^{\infty}F\left(j\omega-jk\frac{2\pi}{T}\right) \qquad (2.23)$$

となる。

(b) **デルタ関数のフーリエ変換** デルタ関数の列を

$$s(t) = \sum_{n=-\infty}^{\infty}\delta(t-nT) \qquad (2.24)$$

として、このフーリエ変換を導出する。$s(t)$ はサンプリング周期 T を周期として持つ。そこで、まず $s(t)$ のフーリエ級数

$$s(t) = \sum_{k=-\infty}^{\infty}c_k e^{jk\frac{2\pi t}{T}} \qquad (2.25)$$

を求めてみる。

$$\begin{aligned}c_k &= \frac{1}{T}\int_{-T/2}^{T/2}s(t)e^{-jk\frac{2\pi t}{T}}dt \\ &= \frac{1}{T}\int_{-T/2}^{T/2}\sum_{n=-\infty}^{\infty}\delta(t-nT)e^{-jk\frac{2\pi t}{T}}dt \\ &= \frac{1}{T} \qquad (2.26)\end{aligned}$$

なので

$$s(t) = \frac{1}{T}\sum_{k=-\infty}^{\infty}e^{jk\frac{2\pi t}{T}} \qquad (2.27)$$

を得る。したがって、そのフーリエ変換は

$$S(j\omega) = \int_{-\infty}^{\infty} \frac{1}{T} \sum_{k=-\infty}^{\infty} e^{jk\frac{2\pi t}{T}} e^{-j\omega t} dt$$

$$= \frac{1}{T} \int_{-\infty}^{\infty} \sum_{k=-\infty}^{\infty} e^{jk\frac{2\pi t}{T} - j\omega t} dt$$

$$= \frac{1}{T} \sum_{k=-\infty}^{\infty} \int_{-\infty}^{\infty} e^{jk\frac{2\pi t}{T} - j\omega t} dt$$

$$= \frac{1}{T} \sum_{k=-\infty}^{\infty} \int_{-\infty}^{\infty} e^{j\left(k\frac{2\pi}{T} - \omega\right)t} dt$$

$$= \frac{2\pi}{T} \sum_{k=-\infty}^{\infty} \delta\left(\omega - k\frac{2\pi}{T}\right) \tag{2.28}$$

となる。

（ c ）　**式 (2.19) の導出**　　サンプリングされた離散値のスペクトルの中で $\pm \pi/T$ 内に含まれる成分（これをメインローブと呼ぶ）のみを考えるため，まず，式 (2.17) を再掲して以下に示す。

$$H(j\omega) \equiv \begin{cases} T, & \text{if } |\omega| \leqq (\pi/T) \\ 0, & \text{if } |\omega| > (\pi/T) \end{cases} \tag{2.29}$$

これを用いて，離散値のスペクトルからメインローブだけを取り出したスペクトルは

$$\hat{F}(j\omega) \equiv H(j\omega) F^*(j\omega)$$

$$= H(j\omega) \sum_{n=-\infty}^{\infty} f(nT) e^{-j\omega nT} \tag{2.30}$$

と書ける。さらに，$H(j\omega)$ の逆フーリエ変換を $h(t)$ とすると

$$h(t) = \frac{1}{2\pi} \int_{-\infty}^{\infty} H(j\omega) e^{j\omega t} d\omega$$

$$= \frac{T}{2\pi} \int_{-(\pi/T)}^{(\pi/T)} e^{j\omega t} d\omega$$

$$= \frac{T}{2\pi} \left[\frac{e^{j\omega t}}{jt} \right]_{-(\pi/T)}^{(\pi/T)}$$

$$
\begin{aligned}
&= \frac{T}{2\pi jt}\left[e^{j(\pi/T)} - e^{-j(\pi/T)}\right] \\
&= \frac{\sin(\pi/T)}{\pi t/T}
\end{aligned} \tag{2.31}
$$

と書けるから，$\hat{F}(j\omega)$ を逆フーリエ変換した $\hat{f}(t)$ は

$$
\begin{aligned}
\hat{f}(t) &\equiv h(t) \oplus f^*(t) \\
&= \int_{-\infty}^{\infty} h(\tau) f^*(\tau - t)\,d\tau \\
&= \int_{-\infty}^{\infty} \frac{\sin(\pi\tau/T)}{\pi\tau/T} \sum_{n=-\infty}^{\infty} f(\tau - t)\delta(\tau - t - nT)\,d\tau \\
&= \sum_{n=-\infty}^{\infty} f(nT) \frac{\sin[(\pi/T)(t - nT)]}{(\pi/T)(t - nT)}
\end{aligned} \tag{2.32}
$$

として得られる。

2.1.2　オーバーサンプリングとアンダーサンプリング

前項で述べたサンプリング定理によると，信号帯域を f_B とするとき，$2f_B$ 以上のサンプリング周波数 f_s でサンプリングすれば，元の信号波形を正確に再現できる。言い換えれば，$f_s \geqq 2f_B$ なら，元の信号に含まれる情報を失うことなくデジタル信号として処理できる。図 **2.10** (a) は，$f_s = 2f_B$ でサンプリングすることを示している。このときのアンチエリアシングフィルタとしては，この図に示すとおり，$f_s = 2f_B$ で急峻に透過特性がゼロに落ちるフィルタ特性[†]が必要となる。実際にこのようなフィルタ特性を実現するのは困難であるし，過渡応答の観点から考えると，リンギングの原因にもなるため避けたほうが無難である。実際には，図 2.10 (b) に示すとおり，$2f_B$ よりやや高い周波数でサンプリングするのが現実的である。フィルタ特性の急峻条件を緩和でき，フィルタ設計への負担が軽減化できるためである。

一般に，$2f_B$ より大きな周波数でサンプリングすることを，オーバーサンプリングすると呼ぶ。また，OSR $= \dfrac{f_s}{2f_B}$ を**オーバーサンプリング比** (oversampling

---

[†] 通称，**レンガ壁** (brick wall) **特性**と呼ばれる。

34   2. A/D 変換の基本原理

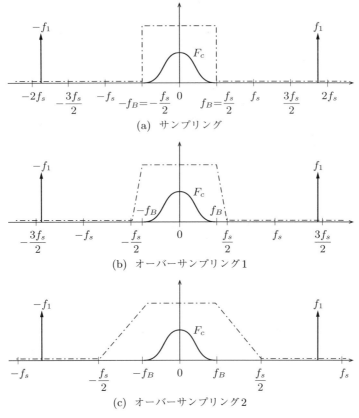

図 2.10 ナイキストレートのサンプリングとオーバーサンプリング。f_1 は除去すべき信号。

ratio）と呼ぶ．OSR が大きいほど，アンチエリアシングフィルタの制約が緩和される．また，詳細は 6.1 節で説明するが，OSR を大きくすることで信号帯域内の量子化雑音を低減化できる，というメリットがある．以上は広い意味でのオーバーサンプリングであり，6 章で説明するように $\Delta\Sigma$ 型 A/D 変換器に関連して使われる場合が多いため，注意する．もちろん，ここで説明したように，オーバーサンプリング条件下で動作する $\Delta\Sigma$ 型 A/D 変換器では，アンチエリアシングフィルタ特性に対する要求条件が大幅に緩和される．

オーバーサンプリングに対して，$f_s \leq 2f_B$ でサンプリングすることをアン

ダーサンプリングと呼ぶ。信号成分は低周波側に折り返され，その部分にもともと存在していた信号と重なってしまう。そのため通常は使われないが，信号成分を低周波側に移動できる機能が注目されている。それを積極的に使った例を図 **2.11** に示す。元の信号成分は周波数区間 $[f_L, f_H]$ にあることを想定している。そこで，この部分のみを透過させるバンドパス特性を持つアンチエリアシングフィルタを用い，それを通過したあとで f_s でサンプリングすることで，図に示すとおり，他の信号と重なることなく，低周波領域に折り返すことができる。これはダウンコンバージョン，またはミキシングと呼ばれる。従来は，局部発振器（local oscillator，LO）で発生した正弦波を元の信号に乗算することで実現していた。その機能をサンプリングで実現できることになる。ただし，サンプリング回路にはその周波数帯域をカバーする優れた高周波特性が必要になることに注意する。アンダーサンプリングの手法は，高周波信号から直接必要な情報を抽出しようとする**アナログ/情報変換**（analog-to-information conversion）におけるキーとなる技術として，近年注目されていることを付け加えておく。興味ある読者は巻末の文献 17) を参照されたい。

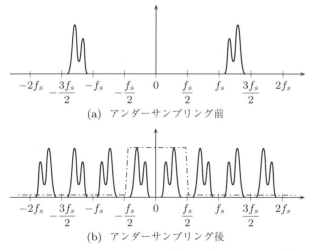

図 **2.11** アンダーサンプリング前後の信号のスペクトル変化

2.1.3 ジッタとSNR

一定の時間間隔のパルスによりサンプリングを実行するには，サンプリング回路を駆動するためのクロック発生回路が必要である。前項までの説明では，クロック発生回路が理想的であり，パルス間隔は変動しないことを仮定してきた。しかし，実際のクロック発生回路から得られるパルスの間隔はさまざまな要因で変動するため，サンプリングタイミングも変動する。特に変動量がランダムなとき，その変動のことをジッタと呼ぶ[†]。ジッタがあると，図 **2.12** に示すようにサンプル値が変化する。ΔX_2 が他と比較して大きいことからわかるように，元の信号の時間変化率が大きいときにはジッタによる誤差が大きい。一方，サンプル値を処理するデジタル系では，ジッタがない理想状態でサンプリングされた値と想定して信号処理を実行する。このため，ジッタによる誤差を正確に把握しておくことが必要である。特に，高周波信号を正確にサンプリングするためには，ジッタ発生を抑止することが必須となる。

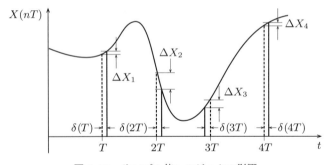

図 **2.12** サンプル値へのジッタの影響

振幅 A，角周波数 ω_{in} の正弦波をサンプリングすることを考える。$t = nT$ におけるサンプリングが，ジッタにより $\delta(nT)$ だけ変化したとき，サンプリングにおける誤差は

$$\Delta X(nT) = A\omega_{\mathrm{in}}\delta(nT)\cos(\omega_{\mathrm{in}}nT) \tag{2.33}$$

[†] ジッタ発生のメカニズムについては 3.1.8 項で述べる。

となる。$\delta(nT)$ を確率変数 $\delta_{ji}(t)$ と考えると，ジッタによるサンプル値の変動量は

$$\langle x_{ji}(t)^2 \rangle = \langle [A\omega_{in}\cos(\omega_{in}nT)]^2 \rangle \langle \delta_{ji}(t)^2 \rangle \tag{2.34}$$

$$= \frac{A^2\omega_{in}^2}{2}\langle \delta_{ji}(t)^2 \rangle \tag{2.35}$$

と表せる。ジッタによる変動量を雑音と見なして信号雑音比 (SNR) を考えると

$$\mathrm{SNR}_{ji,dB} \equiv 10 \cdot \log \frac{\left(\dfrac{A^2}{2}\right)}{\dfrac{A^2\omega_{in}^2}{2}\delta_{ji}(t)^2} \tag{2.36}$$

$$= -10 \cdot \log\left(\omega_{in}^2\langle \delta_{ji}(t)^2 \rangle\right) \tag{2.37}$$

が得られる。

正弦波では信号がゼロを横切るとき時間変化は最大で，ジッタの影響も最大になる。したがって，誤差の最大値は

$$\Delta X(nT)|_{\max} = A\omega_{in}\delta t_{\max}$$

$$= A2\pi f_{in}\delta t_{\max} \tag{2.38}$$

となる。データ変換では，ジッタによる誤差を最下位ビットに相当する最小分解能 $V_{LSB} = 2A/2^N$ より小さくする必要があるから

$$A2\pi f_{in}\delta t_{\max} < \frac{2A}{2^N} \tag{2.39}$$

となる。したがって，N ビット分解能を得るために必要な最大許容ジッタ量 $\delta t_{\max}$ は

$$\delta t_{\max} < \frac{1}{2^N\pi f_{in}} \tag{2.40}$$

となる。

正弦波入力に対するジッタの影響を図 **2.13** に示す。ジッタによるサンプリングのタイミングの変動により SNR が低下する。正弦波の周波数 f が高いほど，SNR は大きく劣化する。ジッタによる分解能（有効ビット数）の劣化の様

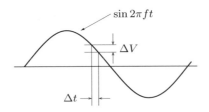

図 2.13 正弦波入力に対するジッタの影響

子を図 2.14 に示す。通常，1 ps 以下のジッタを実現するのは容易ではない[†1]。これに基づき，サンプリングレートを $100\,\mathrm{MS/s}$[†2] とすると，得られる分解能としては 11 ビットがほぼ限界であることがわかる。サンプリングの定理から考えると，50 MHz の入力波を A/D 変換するとすれば，11 ビット以上の分解能を得るためにジッタの影響を十分に考慮する必要があることがわかる。

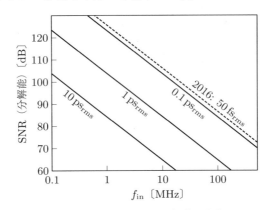

図 2.14 ジッタによる分解能の劣化

ジッタについてさらに詳細を調べたい読者は，チュートリアル論文[19]を参照されたい。

[†1] フェムト秒パルスレーザを用いてサンプリングを行うフォトニック A/D 変換器[18] も提案されている。光学的な遷移を利用することで，電気回路と比較してジッタ量を 1 桁以上低減化できる技術として興味深い。

[†2] S/s は Samples/s の略で，毎秒のサンプル数を表す。

2.1.4 S/H 信号

サンプリングした値をつぎのサンプリングまで保持した信号を，サンプル/ホールド (S/H) された信号と呼ぶ．図 **2.15** にその波形を示す．理想的な DAC 出力はこのような波形になっている．この波形は，2.1.1 項で述べたサンプリングされた入力信号の式 (2.5) で，パルス幅 τ がサンプリング周期 T に等しいとした場合に相当し，そのラプラス変換は

$$F_{\mathrm{SH}}(s) = \frac{1-e^{-Ts}}{s} \sum_{n=0}^{\infty} f(nT) e^{-nTs} \tag{2.41}$$

と書ける．ホールド時間を無限小としたときの離散値列に対するラプラス変換式 (2.9) とは

$$H_{\mathrm{SH}}(s) \equiv \frac{1-e^{-Ts}}{s} \tag{2.42}$$

だけ異なることになる．

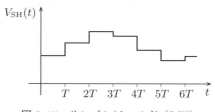

図 2.15 サンプル/ホールド（S/H）された信号

S/H された信号の周波数特性は

$$F_{\mathrm{SH}}(j\omega) = \frac{1-e^{-j\omega T}}{j\omega} \sum_{n=0}^{\infty} f(nT) e^{-jn\omega T} \tag{2.43}$$

$$= H_{\mathrm{SH}}(j\omega) F^{*}(j\omega) \tag{2.44}$$

と表せる．ここで

$$H_{\mathrm{SH}}(j\omega) \equiv \frac{1-e^{-j\omega T}}{j\omega}$$

$$= Te^{-j\omega T/2}\frac{\sin\left(\dfrac{\omega T}{2}\right)}{\dfrac{\omega T}{2}} \tag{2.45}$$

とした。したがって，S/H された信号のスペクトルは

$$F_{\rm SH}(j\omega) = Te^{-j\omega T/2}\frac{\sin\left(\dfrac{\omega T}{2}\right)}{\dfrac{\omega T}{2}}\sum_{k=-\infty}^{\infty}F\left(j\omega - j\frac{2\pi k}{T}\right) \tag{2.46}$$

となる。これは式 (2.14) で示した信号スペクトルに $H_{\rm SH}$ が乗算された形になっている。$H_{\rm SH}$ は sinc フィルタとして知られているもので，その周波数特性を図 **2.16** に示す。

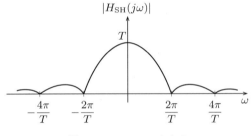

図 **2.16** sinc フィルタの周波数特性

これより，S/H された信号のスペクトルは，元の信号を周期的に繰り返したスペクトルと sinc 特性を掛け合わせたものとなっている。その結果を図 **2.17** に示す。

周波数が高くなるにつれて，sinc 関数が掛け合わされた分だけ信号成分が減衰することに注意する必要がある。この影響を防ぐためには，sinc 関数の逆特性を掛けて，減衰分を補償する必要がある。

2.2 量　子　化　　41

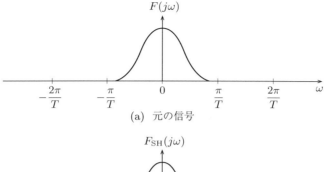

(a) 元の信号

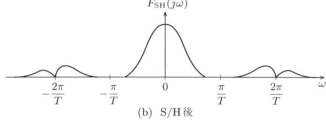

(b) S/H後

図 2.17　S/H された信号のスペクトル

2.2 量　子　化

　サンプリングが時間領域で連続信号を離散化するのに対して，量子化とは連続的な物理量を離散化することを意味する．ここで物理量とは電気信号に関連する量であり，通常は電圧を想定している．量子化したことにより，入力値とは量子化誤差 V_Q と呼ばれる差が発生する．アナログ入力電圧を V_{in}，N ビット出力で D/A 変換器への入力を D_{in}，そのときの D/A 変換器の出力電圧を V_1 としたとき，次式が成立する．

$$V_1 = V_{\text{in}} + V_Q \tag{2.47}$$

量子化誤差 V_Q は

$$V_Q = V_1 - V_{\text{in}} \tag{2.48}$$

と表せる．

入力アナログ信号がランプ波のときの A/D 変換器の出力と量子化誤差を図 **2.18** に示す。このときの量子化誤差の 2 乗平均 $V_{Q(\mathrm{rms})}$ は

$$V_{Q(\mathrm{rms})} = \left[\frac{1}{T} \int_{-T/2}^{T/2} V_Q^2 \, dt \right]^{1/2}$$

$$= \left[\frac{1}{T} \int_{-T/2}^{T/2} V_{\mathrm{LSB}}^2 \left(\frac{-t}{T} \right)^2 dt \right]^{1/2}$$

┤コーヒーブレイク├

サンプリングと不確定性関係

量子力学によれば,粒子の位置と運動量を同時に確定することはできない。これは位置と運動量に関する不確定性関係と呼ばれている。エネルギーと時間に対しても同様の不確定性関係があり,エネルギーを確定するには長い時間の測定が必要になる。反対にきわめて短い時間でエネルギーを測定すると,大きな誤差を伴う。エネルギー ΔE と時間 Δt の不確定性の関係は

$$\Delta E \Delta t > h \tag{1}$$

と表される。ここで h はプランク定数 (6.6×10^{-34} Js) である。

A/D 変換にこの考え方を適用すると,サンプリング時間が短くなると,それに伴い不確定性関係に起因するエネルギー測定誤差が増加することになる。エネルギーは電圧値と関連するから,サンプリング時間が短いことは,サンプル値の誤差が大きくなることを意味する。すなわち,サンプリングに伴う「雑音」が増加するといえる。

サンプリング周期 $1/f_s$ の半分をサンプリング,残りの半分を実際の A/D 変換に使うとして,いま,$\Delta t = 1/(2f_s)$ と仮定する。不確定性に関わる雑音パワー ΔP は $\Delta E \times f_s$ ($= 2hf_s^2$) に等しい。もし,100 GS/s で信号対雑音比 100 dB ($=10^{10}$) を仮定すると,必要な信号パワーは $2 \times 6.6 \times 10^{-34} \times (10^{11})^2 \times 10^{10} = 132$ mW となる。一方,同じ帯域と SNR で熱雑音から必要とされる信号パワーを計算すると $kT = 4.1 \times 10^{-21}$ J であるから,バンド幅を $f_s/2$ とすると $4.1 \times 10^{-21} \times 10^{11}/2 \times 10^{10} = 2$ W となる。すなわち,熱雑音の影響が大きいことがわかる。

ただし,熱雑音はバンド幅に比例して増加するのに対して,不確定性関係に起因する雑音はサンプリング周波数の 2 乗で増加するため,今後,もし THz 領域までサンプリング周波数が高周波化すれば,後者の影響も無視できなくなる。

2.2 量子化　43

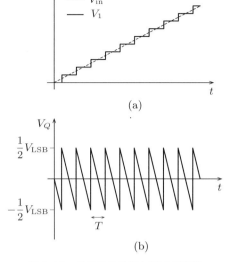

図 **2.18**　信号の量子化と量子化誤差

$$= \left[\frac{V_{\text{LSB}}^2}{T^3} \left(\frac{t^3}{3} \right)_{-T/2}^{T/2} \right]^{1/2}$$
$$= \frac{V_{\text{LSB}}}{\sqrt{12}} \tag{2.49}$$

として得られる。ここで，量子化誤差は入力によって一意的に決まる量であり，量子化誤差の決定論的モデルと呼ぶ。

一般的には，入力信号があらかじめ決まっているわけではないため，入力信号に依存した量子化誤差を解析することは実用的ではない。そこで，入力には依存しない確率的に発生する雑音として量子化誤差をモデル化することで，解析が容易になる。これは確率論的モデルと呼ばれる。誤差の確率密度関数が図 **2.19** に示すように一定だと仮定すると，量子化誤差の平均 $V_{Q(\text{avg})}$ は

$$\begin{aligned} V_{Q(\text{avg})} &= \int_{-\infty}^{\infty} x f_Q(x) dx \\ &= \frac{1}{V_{\text{LSB}}} \int_{-V_{\text{LSB}}/2}^{V_{\text{LSB}}/2} x dx = 0 \end{aligned} \tag{2.50}$$

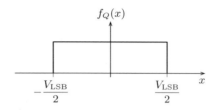

図 **2.19**　量子化誤差の確率密度関数

として，また，量子化誤差の 2 乗平均 $V_{Q(\text{rms})}$ は

$$\begin{aligned}
V_{Q(\text{rms})} &= \left[\int_{-\infty}^{\infty} x^2 f_Q(x) dx\right]^{1/2} \\
&= \left[\frac{1}{V_{\text{LSB}}} \int_{-V_{\text{LSB}}/2}^{V_{\text{LSB}}/2} x^2 dx\right]^{1/2} \\
&= \frac{V_{\text{LSB}}}{\sqrt{12}}
\end{aligned} \tag{2.51}$$

として，それぞれ得られる。2 乗平均は式 (2.49) と一致することに注意する。確率論的に量子化誤差を取り扱うことから，量子化誤差のことを量子化雑音と呼ぶことが多い。決定論的モデルで述べたように，厳密な意味では，量子化誤差は入力信号で決まる値であり，ランダムな雑音ではない。すなわち，確率論的モデルは近似モデルであることに注意する。この近似モデルは，出力される離散値が多いこと（ビット分解能がある程度（6 ビット程度）以上と高いこと）や，サンプリング数が十分に多くすべての離散値が等しい確率で出力されていること，量子化ステップが等間隔であること，さらに，隣接するサンプル値に対する量子化誤差の間に相関がないことを仮定している。量子化を表現する雑音モデルを図 **2.20** に示す。図で $V_Q(nT)$ が量子化雑音である。

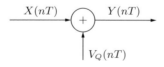

図 **2.20**　量子化の雑音モデル

A/D変換の性能指標として,量子化誤差と入力信号のパワー比を用いると便利である.量子化誤差を雑音と見なし,**信号対雑音比**(signal-to-noise ratio, **SNR**)と呼ばれることが多い.また,雑音として量子化雑音を考慮していることを明確に示すため**信号対量子化雑音比**(signal-to-quantization-noise ratio, **SQNR**)と呼ばれることもある.入力信号 V_in が正弦波のとき,その振幅を $V_\text{ref}/2$ とすると,その平均強度 $V_\text{in(rms)}$ は $V_\text{ref}/2\sqrt{2}$ なので,式 (2.49) の雑音強度との比をとって

$$
\begin{aligned}
\text{SNR} &= 20\log_{10} \frac{V_\text{in(rms)}}{V_{Q\text{(rms)}}} \\
&= 20\log_{10} \frac{V_\text{ref}/2\sqrt{2}}{V_\text{LSB}/\sqrt{12}} \\
&= 20\log_{10} \sqrt{\frac{3}{2}} 2^N \\
&= 6.02N + 1.76\,[\text{dB}]
\end{aligned}
\tag{2.52}
$$

と表すことができる.一方,入力信号 V_in がランプ波のとき,その振幅を $V_\text{ref}/2$ とすると,その強度 $V_\text{in(rms)}$ は $V_\text{ref}/\sqrt{12}$ なので,式 (2.49) の雑音強度との比をとって

$$
\begin{aligned}
\text{SNR} &= 20\log_{10} \frac{V_\text{in(rms)}}{V_{Q\text{(rms)}}} \\
&= 20\log_{10} \frac{V_\text{ref}/\sqrt{12}}{V_\text{LSB}/\sqrt{12}} \\
&= 20\log_{10} 2^N \\
&= 6.02N\,[\text{dB}]
\end{aligned}
\tag{2.53}
$$

と表すことができる.

正弦波で SNR が 1.76 dB だけ大きいのは,振幅が大きい領域がランプ波に比較して広く,同じ振幅で比較すると信号パワーが実質的に大きくなるためである.通常,式 (2.52) が用いられるが,SNR が入力波形に依存することに注意する.式 (2.52) を N について解くと

$$N = \frac{\text{SNR} - 1.76}{6.02} \tag{2.54}$$

が得られる。このようにして SNR から求めた N は，有効ビット数（ENOB）と呼ばれ，データ変換器の分解能の指標としてよく用いられている。

正弦波入力に対する A/D 変換器出力のスペクトルを**図 2.21** に示す。量子化する前のアナログ入力は入力周波数にピークがあるデルタ関数的なスペクトルであるが，量子化することで量子化誤差が混入するため，この図に示したように，ほぼ一様に分布する雑音フロアが出現する。このようなスペクトルから SNR を求めると，ENOB を評価することができる。

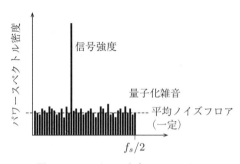

図 2.21 デジタル出力のスペクトル

3 基本回路ブロック

　この章では，前章で説明したサンプリングと量子化の機能を実現するためにデータ変換器で使用される回路について説明する．前者は**サンプル/ホールド** (sample and hold, **S/H**) 回路，後者はコンパレータ（比較器）と呼ばれる．S/H回路に関しては，基本回路を説明した後に，さまざまな非理想要因と，それを抑止するための対策を施した実際の回路例について説明する．また，近年の低電源化に対応したアナログスイッチとして，ブートストラップスイッチを紹介する．さらに，熱雑音と消費電力，ジッタについても言及する．コンパレータに関しては，基本機能に続き，実際の回路例としてオペアンプを利用したコンパレータ，多段コンパレータ，さらに，近年よく利用されるラッチ付きコンパレータについて順に説明する．

3.1　サンプル/ホールド回路

　サンプル/ホールド回路は連続的に変化するアナログ信号に対して，その瞬時の値を一時的に保持する回路で，一種のアナログ記憶回路ともいえる．

3.1.1　基　本　回　路
　サンプリング機能を実現するための基本回路を図 **3.1** に示す．この回路はスイッチ S_1 とホールド容量 C_hold からなり，二つのモードで動作する．S_1 が閉じた状態がサンプルモード，S_1 が開いた状態がホールドモードである．このため，このような回路のことをサンプル/ホールド（S/H）回路と呼ぶ．サンプル

48   3. 基本回路ブロック

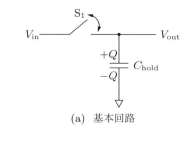

(a) 基本回路

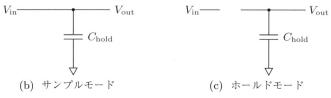

(b) サンプルモード   (c) ホールドモード

図 3.1 サンプル/ホールド (S/H) 基本回路および
サンプルモードとホールドモード

モードでは，入力電圧 V_{in} の変化に追従して出力電圧 V_{out} が変化する．それと同時に，ホールド容量 C_{hold} に入力電圧 V_{in} に相当する電荷 Q（$= CV_{\text{in}}$）が蓄えられる．ホールドモードになると，入出力が切り離され，その直前の入力電圧 $V_{\text{in}1}$ に相当する電荷が容量 C_{hold} に蓄えられた状態が続き，電圧 $V_{\text{out}} = V_{\text{in}1}$ がつぎのサンプルモードまで出力され続ける．その様子を図 **3.2** (a) に示す．

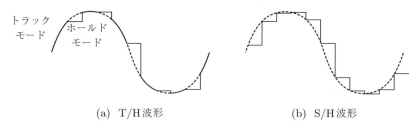

(a) T/H 波形   (b) S/H 波形

図 3.2 トラック/ホールド (T/H) 波形とサンプル/ホールド (S/H) 波形

サンプルモードでは，出力が入力に追従している，すなわちトラッキングしているという意味で，トラックモードとも呼ばれ，**トラック/ホールド**（track and hold, **T/H**) **回路**と呼ばれることもある．狭い意味でサンプル/ホールド

動作とは,図 3.2 (b) に示すとおり,トラックモードがない動作形態を呼ぶ.しかし,従来の慣習に従い,以下では,特に誤解の恐れがない限り,両者を合わせてサンプル/ホールドという言葉を使うことにする.

実際には,**図 3.3** に示すように,スイッチとしては MOSFET を用い,ゲートへのクロック信号 ϕ_S で ON/OFF を制御する.MOSFET が n チャネル MOSFET である場合,ϕ_S が HIGH のときサンプルモード,LOW のときホールドモードである.また,出力側にはユニティゲインバッファをつける.一般に,入力信号(情報)を出力に伝えるためにはエネルギーが必要である.しかし,そのエネルギーを入力側から直接供給しようとすると,入力側に大きな負担を強いることが多い.また,出力側の負荷の影響で,サンプリングした値が本来の値と異なってしまうことがある.そこで,入力から出力への信号経路とは別に,出力回路の状態を変化させるためのエネルギーを供給する回路を付加する必要がある.このバッファは,入力された信号(情報)を出力に伝えると同時に,出力側へエネルギーを供給する,という重要な役割を担う.バッファをつけることで,出力側の負荷の影響を受けることなく,入力信号がホールド容量 C_{hold} を充電することだけに使用される.このため,正確なサンプル/ホールド動作が得られる.同様の理由で,入力側にもユニティゲインバッファを使う場合がある.この例は 3.1.4 項 (1) で述べる.

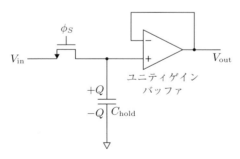

図 3.3 ユニティゲインバッファを持つサンプル/ホールド (S/H) 回路

サンプリングには，シリアルサンプリング[20]と呼ばれるもう一つのサンプリング形式がある．それを図 3.4 (a) に，タイミング図を図 3.4 (b) に示す．ϕ_1 と ϕ_2 は 2 相のノンオーバーラップクロック†である．また，ϕ_{1a} は ϕ_1 よりわずかに早いタイミングで LOW になるクロック信号であることを意味する．ϕ_1 が HIGH のとき，回路はサンプルモードで，出力 V_{out} は V_{DD} にリセットされている．ϕ_2 が HIGH のとき，回路はホールドモードで，$V_{DD} - V_{in}$ が出力される．C_p は出力側の寄生容量で，容量値が無視できない場合，ホールドモードで C_{hold} との間で電荷移動が起こり，サンプル値に誤差が発生する．また，サンプルモードからホールドモードに移行するとき，出力が V_{DD} から $V_{DD} - V_{in}$ に変化することになり，そのためのセトリング時間を考慮する必要がある．この方式と区別するため，これまで説明してきた形式をパラレルサンプリング形式と呼ぶことがある．両者の違いを対比させて表 3.1 に挙げる．シリアルサンプリングでは，歪の原因となる電荷注入量の信号依存性がないことが特徴であるが，3.1.3 項 (2) での電荷注入の説明も含めて，詳細は以下で説明する．

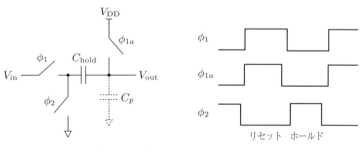

(a) シリアルサンプリング回路 　　(b) クロックのタイミング図

図 3.4　シリアルサンプリング回路と
　　　　クロックのタイミング図

---

† 同時に HIGH になることなく，交互に HIGH，LOW を繰り返すクロック信号のこと．

表 3.1　パラレルサンプリングとシリアルサンプリング

比較項目	パラレルサンプリング	シリアルサンプリング
動作モード	トラック/ホールド	リセット/ホールド
入力結合	DC 結合	C 結合（V_{CM} は独立）
電荷注入量	入力依存性あり	$\phi_{1a} \to \phi_1$ の順で OFF すれば一定
入力フィードスルー	C_{hold} により高周波成分減衰効果あり	高周波成分減衰効果なし
寄生容量 C_p の影響	小（トラックモードで充電）	大
セトリング時間	短（トラックモードのため）	長（出力がリセットされるため）

3.1.2　S/H 回路の出力波形

図 3.2 に示したサンプル/ホールド回路の出力波形について，もう少し詳しく見てみよう．実際に得られる典型的な波形を拡大して**図 3.5** に示す．図 3.3 に示した S/H 回路で，ϕ_S が HIGH から LOW になりサンプルモードからホールドモードに移るとき，MOSFET は瞬時に OFF 状態になるわけではなく，ON 状態でチャネルに存在していた電荷がなくなるまで，わずかな時間ではあるが ON 状態が続く．この時間遅れをアパチャ時間と呼ぶ．実際に MOSFET チャネルの電荷が消滅し OFF 状態になると，ホールド動作に移行するが，このときも，セトリング時間と呼ばれるある程度の時間が必要である．このとき，サンプリングすべき入力値からわずかに異なる値がホールドされる．この誤差はペデスタルと呼ばれる．さらに，実際の容量には電荷のリーク経路が存在するため，ホールドモードでも時間とともにホールド値がわずかではあるが変化する．こ

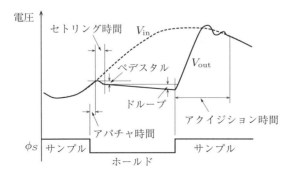

図 3.5　サンプル/ホールド（S/H）回路の出力波形

れをドループと呼ぶ．また，この図には描かれていないが，MOSFET が OFF 状態であっても，ソース-ドレイン間をつなぐ寄生容量が存在するため，この容量結合を通じて入力信号が漏れて，サンプリング容量に伝わる可能性がある．これは入力フィードスルーと呼ばれる．同様にゲートに印加するクロック信号が漏れる可能性もあり，クロックフィードスルーと呼ばれる．

ϕ_S が LOW から HIGH になりホールドモードからサンプルモードに戻るとき，出力が入力に完全に追従するまでには，アクイジション時間と呼ばれる時間の経過が必要である．この図に示すように，オーバーシュートが発生する可能性もある．この期間は MOSFET の ON 抵抗を介してホールド容量 C_{hold} を充電することになるため，よく知られた CR 時定数で記述できる過渡応答現象になる．図 3.6 に示すような簡単化した状況を考え，ある時間でホールドモードを打ち切ったとする．出力は指数関数的に最終的な値に漸近するため，打ち切りに伴う誤差が発生する．この誤差は，セトリング誤差と呼ばれる．表 3.2 に，セトリング誤差を 1 % から 0.01 % にするために必要な経過時間を示す．ここで，R_{on} はスイッチに用いた MOSFET が ON 状態のときの抵抗（ON 抵抗）である．0.01 % 以下にするためには，CR 時定数の 9 倍以上待つ必要があることがわかる．セトリング誤差は A/D 変換に伴う量子化誤差以下である必要があり，例えば 10 ビットの分解能が必要なときは，0.1 % 以下にしなければなら

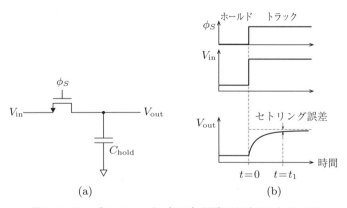

図 3.6　サンプル/ホールド（S/H）回路におけるセトリング

表 3.2　セトリング誤差

t_1 における セトリング誤差	必要な時間 $\dfrac{t_1}{R_{on}C}$
1%	4.6
0.1%	6.9
0.01%	9.2

ないため，時定数の 7 倍以上の時間が必要になることがわかる。

高速動作のためには CR 時定数を小さくする必要がある。そのためには，MOSFET の ON 抵抗を小さくするか，ホールド容量を小さくする必要がある。ON 抵抗を小さくするにはゲート幅を広げることが考えられるが，接合容量が増加するため，注意が必要である。また，ホールド容量を小さくすると熱雑音や素子ばらつきが大きくなるため，無制限に小さくできるわけでもない。実際の設計には，詳細な回路レベルのシミュレーションが必要である。

3.1.3　非理想要因

S/H 回路の機能は単純であるが，それを実際の回路で実現する上では，考慮すべき非理想的な要因がいくつかある。ここでは，スイッチ MOSFET の ON 抵抗変化，それが ON 状態から OFF 状態に変化するときの電荷注入，および，そのときの遷移時間を取り上げ，S/H 回路の性能への影響を述べる。

（1）**ON 抵抗変化**　図 3.3 に示した S/H 回路において，スイッチである MOSFET が ON 状態になっているときのソース-ドレイン間の抵抗，すなわち ON 抵抗について考える。ON 状態にある MOSFET のドレイン電圧とソース電圧はほぼ等しいと考えられるため，このときの MOSFET は線形領域にある。したがって，MOSFET の単純なモデルに基づけば，ドレイン電流 I_D は

$$I_D = \mu C_{ox} \frac{W}{L} \left[(V_{GS} - V_{tn})V_{DS} - \frac{1}{2}V_{DS}^2 \right] \tag{3.1}$$

と書けるため，ON 抵抗 R_{on} は

$$R_{on} = \left(\frac{\partial I_D}{\partial V_{DS}} \right)^{-1}$$

$$= \left(\mu C_{\text{ox}} \frac{W}{L} (V_{\text{GS}} - V_{\text{tn}} - V_{\text{DS}})\right)^{-1}$$

$$\approx \left(\mu C_{\text{ox}} \frac{W}{L} (V_{\text{GS}} - V_{\text{tn}})\right)^{-1} \tag{3.2}$$

と求まる。ここで，μ はキャリアの移動度，C_{ox} は単位面積当りのゲート容量，V_{tn} は n チャネル MOSFET の閾値である。

入力電圧 V_{in} が大きくなると，MOSFET のゲート-ソース間 V_{GS} ($= V_{\text{DD}} - V_{\text{in}}$) の電圧が小さくなるため，ON 抵抗は増加する。これは，CR 時定数が大きくなることを意味するため，入力信号が大きいときの時間遅れは，小さいときと比較して大きいことになる。そのため，図 **3.7** に示すように出力信号が歪むことになる。ON 抵抗の変化を小さくするには，W/L を大きくすることや，クロック電圧 V_{DD} を高くすること，閾値 V_{tn} を小さくすることなどが考えられる。

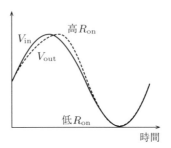

図 **3.7** ON 抵抗の変化に起因する信号歪

上記の回路では，$V_{\text{GS}} > V_{\text{tn}}$，すなわち，$V_{\text{DD}} - V_{\text{tn}} > V_{\text{in}}$ を仮定している。しかし，S/H 回路の許容入力電圧の変化幅は，できるだけ大きくするのがダイナミックレンジを広げる上で望ましい。そのために入力を V_{DD} まで広げるには，図 **3.8** (a) に示すように，p チャネル MOSFET を組み合わせたトランスミッションゲート†をスイッチとして用いる必要がある。図 3.8 (b) には，そのときの ON 抵抗変化を示す。V_{tp} は p チャネル MOSFET の閾値である。トラ

---

† パスゲートとも呼ばれる。

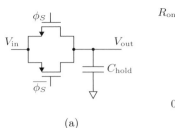
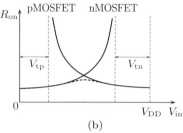

図 3.8 トランスミッションゲートを用いた S/H 回路と ON 抵抗変化。破線は合成抵抗。

ンスミッションゲートの ON 抵抗は，nMOSFET と pMOSFET の ON 抵抗の合成抵抗となるため，それぞれを単独で用いる場合と比較して変化は小さくなるが，この図に示したとおり，$V_{\rm in}$ が 0 と $V_{\rm DD}$ の中間付近では ON 抵抗が大きくなる傾向がある。すなわち，中間付近の入力信号が遅れて出力に伝わることになり，わずかではあるが信号が歪む可能性がある。デジタル回路では問題にならないわずかの歪でも，アナログ回路では見逃すわけにはいかない。

もし，入力が

$$V_{\rm in}(t) = V_0 + V_0 \cos[\omega_{\rm in} t] \tag{3.3}$$

だったとすると，出力は

$$\begin{aligned}V_{\rm out}(t) &\approx V_0 + V_0 \cos\left[\omega_{\rm in} t - \tan^{-1}(R_{\rm on} C_{\rm hold} \omega_{\rm in})\right] \\ &\approx V_0 + V_0 \cos[\omega_{\rm in} t] + V_0 R_{\rm on} C_{\rm hold} \omega_{\rm in} \sin \omega_{\rm in} t\end{aligned} \tag{3.4}$$

となる。近似は $R_{\rm on} C_{\rm hold} \omega_{\rm in} \ll 1$ を仮定している。入力が 0 と $V_{\rm DD}$ の間で変化するフルスケールの正弦波であると仮定すると，1 周期の間に図 3.8 (b) の 0 と $V_{\rm DD}$ の間を 1 往復することになるから，$R_{\rm on}$ は角周波数 $2\omega_{\rm in}$ で変化することになる。それを

$$R_{\rm on}(t) = R_0 + R_1 \cos[2\omega_{\rm in} t] + R_2 \cos[4\omega_{\rm in} t] + \cdots \tag{3.5}$$

と書けば

$$V_{\text{out}}(t) \approx V_0 + V_0 \cos[\omega_{\text{in}} t]$$
$$+ V_0 \left(R_0 + R_1 \cos[2\omega_{\text{in}} t] + R_2 \cos[4\omega_{\text{in}} t] + \cdots \right)$$
$$\times C_{\text{hold}} \omega \sin \omega_{\text{in}} t \tag{3.6}$$

となり,3次高調波成分 $\cos 3\omega_{\text{in}} t$ の振幅として $V_0 \omega_{\text{in}} C_{\text{hold}} R_1/2$ が得られる。したがって,例えば,この3次歪を60 dB 以下に抑えようとすれば

$$\frac{\omega_{\text{in}} C_{\text{hold}} R_1}{2} < 10^3 \tag{3.7}$$

となる。この式から,歪を一定以下に保とうとすると ON 抵抗の変化が大きいほど,すなわち R_1 が大きいほど,入力帯域が制限されることがわかる[21]。

(2) 電荷注入 サンプルモードからホールドモードに移る過程で,スイッチに用いる MOSFET が ON 状態から OFF 状態に変化し,このとき,ON 状態でチャネルに存在していたキャリアがソースおよびドレインから MOSFET 外部に流れ出る。S/H 回路では,その一方がホールド容量 C_{hold} にたまりホールド電圧が変化する。ON 状態の nMOSFET のチャネルには電子がたまっているから,OFF 状態になれば,ある程度の量の電子がホールド容量 C_{hold} に注入されることになる。その結果,容量に蓄えられた正の電荷を打ち消し,V_{out} は減少することになる。これが3.1.2項で示したペデスタルの原因である。

電荷注入の影響を解析するためにモデル化した S/H 回路図を図 **3.9** に示す。ゲート電圧が有限時間 δt で,$V_{G(\text{on})}$ から $V_{G(\text{off})}$ に ΔV_G だけ変化したと仮定する。$V_G - V_{\text{in}} = V_{\text{tn}}$ で,すなわち図 3.9 (b) の t_{off} で,MOSFET が ON から OFF に変化する。ON 状態のときに MOSFET のチャネルにあった電荷量 Q_{ch} は

$$Q_{\text{ch}} = WLC_{\text{ox}}(V_{G(\text{on})} - V_{\text{tn}}) \tag{3.8}$$

と書ける。チャネル電荷 Q_{ch} のうちホールド容量に注入される電荷 ΔQ_S の割合を評価した例を図 **3.10** に示す[7]。ここで,B はスイッチングパラメタと呼ばれ

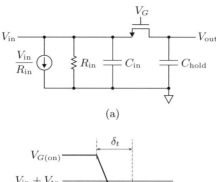

(a)

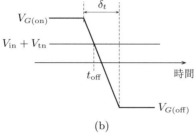

(b)

図 3.9 S/H 回路モデル

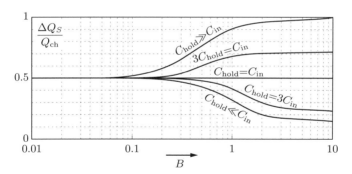

図 3.10 チャネル電荷 Q_ch のうちホールド容量に注入される電荷 ΔQ_S の割合[7]

$$B = V_\mathrm{ov}\sqrt{\frac{\mu C_\mathrm{ox} W/L}{|\alpha| C_\mathrm{hold}}} \tag{3.9}$$

である。V_ov は MOSFET のオーバードライブ電圧 $V_\mathrm{GS} - V_\mathrm{tn}$ である。また，α は $\Delta V_G/\delta_t$ である。この図から，B が小さければ，チャネルの電荷 Q_ch はソースとドレインに半分ずつ分けられることがわかる。すなわち，チャネルに

あった電荷の半分がホールド容量に注入することになる。ホールド電圧の変化量 ΔV は

$$\begin{aligned}\Delta V &= \frac{\Delta Q_{\text{hold}}}{C_{\text{hold}}} \\ &= \frac{Q_{\text{ch}}}{2C_{\text{hold}}} \\ &= -\frac{C_{\text{ox}} L W V_{\text{ov}}}{2C_{\text{hold}}}\end{aligned} \qquad (3.10)$$

と書ける。オーバードライブ電圧は $V_{\text{ov}} = V_{\text{GS}} - V_{\text{tn}} = V_{\text{DD}} - V_{\text{in}} - V_{\text{tn}}$ で入力電圧 V_{in} に依存するため，変化量 ΔV は一定ではなく，入力信号強度 V_{in} に依存することになる。これは，ホールドされた信号に歪が発生することを意味する。電荷注入を注意深く解析する必要性が理解できるであろう。

スイッチングパラメタ B が大きくなると，Q_{ch} の配分に偏りが発生する。もし $C_{\text{in}} \gg C_{\text{hold}}$ なら，ホールド容量への電荷注入量は小さくなる。しかし，入力容量を大きくすることは，入力信号帯域を制限することになるため，回路に高速性が求められるときには有効な解決策ではない。また，電荷注入の影響を低減化させるためにチャネル幅 W を狭くすることも考えられるが，ON 抵抗が大きくなり，信号帯域が狭くなる。反対にチャネル幅を広くすれば広帯域化できるが，電荷注入量が大きくなり，歪が増加する。

電荷注入防止のために，図 **3.11** に示すダミーゲートを付加することが提案されている。Q_1 が OFF するときに流れ出る電荷を，ダミーゲート Q_2 を ON にすることで吸収することを狙ったものである。しかし，注入量は入力信号依存のため，完全に打ち消すことは困難である。また，図 3.8 に示したトランス

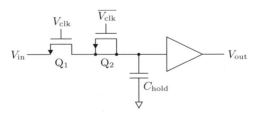

図 **3.11** 電荷注入防止のためのダミーゲート

ミッションゲートでも，pMOSFET と nMOSFET のチャネル幅を調整することで，ある程度，電荷注入の影響を抑止することは可能である。しかし，V_{in} の値により p/nMOSFET それぞれのチャネル電荷量は異なる。また，OFF 状態に移行する時刻もそれぞれで異なるため，この場合も，完全に相殺することは難しい。

（3）有限遷移時間 スイッチを駆動するクロックの遷移時間が有限の場合，入力信号強度によりサンプリングタイミングが異なるという問題点がある。その様子を図 **3.12** に示す。スイッチとしては nMOSFET を想定している。V_{clk} が HIGH から LOW に変化するネガティブエッジがサンプリングタイミングで，t_1^0, t_2^0, t_3^0 が理想的な場合である。これに対して，実際のタイミングは $V_{in} + V_{tn} = V_{clk}$ が成立する時刻であり，それらを t_1, t_2, t_3 で示している。V_{in} が大きいと，小さいときと比較してスイッチ MOSFET は早く OFF 状態になる。すなわち，$\delta t_1, \delta t_2, \delta t_3$ で示したジッタが発生することがわかる。しかも，これらには信号依存性があることがわかる。入力信号が大きければサンプリングタイミングが早くなり，小さければ遅くなる。したがって，3.1.8 項で述べる，ジッタが発生したときと同様に，信号対雑音比が劣化することになる。これを抑止するには，急峻なクロックを発生させる必要がある。このためには，クロック発生回路の高速化や，微細化による高速化素子の利用，バイポーラ接合トランジスタ（bipolar junction transistor，BJT）のように相互コンダクタンス g_m が大きい素子の利用などが，対策として考えられる。

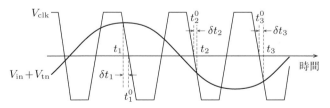

図 **3.12** 有限クロック遷移時間の影響

3.1.4 各種回路

以下では,これまでに述べた非理想的な要因を考慮に入れたS/H回路の例を紹介する。まず,オペアンプを用いた閉ループ回路,つぎに高速動作に適した開ループ回路について述べる。

(1) **閉ループ構成** 閉ループS/H回路の例[22]を図**3.13**に示す。V_{clk}がHIGHのときサンプルモードである。初段のオペアンプ(Opamp1)にはM_3を通してフィードバックがかかり,ユニティゲインアンプとして機能するため,V_{out}にはV_{in}が出力される。Opamp1があるため入力インピーダンスは大きく,入力電圧の正確な捕捉が可能である。V_{clk}がLOWのときホールドモードである。初段アンプOpamp1のゲインをAとすると,後段のバッファアンプにオフセットがあっても,出力への影響は$1/A$倍になるため,後段には単純なソースフォロワを使うことができる。M_2はホールドモードでON状態になり,Opamp1にフィードバックをかけることで,その出力が電源またはグランドに張り付くのを防ぐ。そのため,つぎのサンプルモードになったとき,出力が比較的短時間で入力電圧に戻ることができ,動作速度低下を防ぐことができる。しかし,サンプルモードからホールドモードに移行するときの電荷注入量に入力信号強度依存性があり,低歪化が難しいという問題点がある。また,V_{clk}の遷移時間が無視できないときには,入力信号強度に依存してサンプリングタ

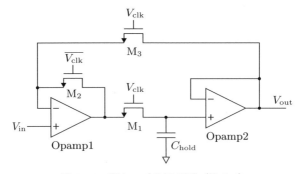

図**3.13** 閉ループS/H回路(その1)

イミングがずれるという問題点もある。

これらの問題点の解決を目指した閉ループ S/H 回路の例[22] を図 3.14 に示す。V_{clk} が HIGH のときサンプルモードである。このとき，Opamp2 のゲインが十分大きく仮想接地が成り立つとすれば，M_1 のソース，ドレインの電位は，入力電圧 V_{in} とは無関係に，ともにグランドに等しくなる。したがって，ホールドモードに移行するときに M_1 からの電荷注入があったとしても，その量は一定で，入力信号強度依存性はない。すなわち，一定の dc オフセットが出力に発生するが，信号依存性はないために歪発生は抑止できることになる。また，サンプリングのタイミングも入力信号強度依存性がなく，ほぼ理想的な一定間隔でサンプリングが可能になる。M_2 はホールドモードにおける Opamp1 の出力の張り付きを防止し，サンプルモードに戻ったときの入力信号への追従を高速化するとともに，ホールドモードでの入力端子からの漏れ信号をグランドに逃がすことで入力フィードスルーを抑止する機能も持つ。一方で，フィードバックには安定な動作が要求されることから，動作速度に制約があることが，これらの閉ループ S/H 回路の欠点である。

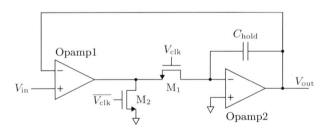

図 3.14 閉ループ S/H 回路（その 2）

（2） 開ループ構成　開ループ構成にして高速化を図った S/H 回路の例として，ダイオードブリッジを用いた S/H 回路[23] を図 3.15 に示す。$D_1 \sim D_4$ は同じ形状のダイオードである。V_{clk} を HIGH にして，ダイオードに順方向電流を流した状態がサンプルモードである。このとき，$D_1 \sim D_4$ のダイオードは ON 状態（低抵抗状態）となり，それぞれのダイオード端子間で電位差がすべ

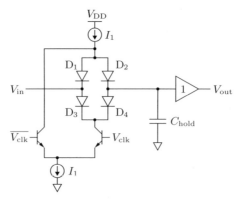

図 3.15 ダイオードブリッジ S/H 回路

て等しくなるため，V_out が V_in と等しくなる．V_clk を LOW にして，ダイオードブリッジに流れる電流を切ると，ダイオードはすべて OFF 状態（高抵抗状態）になり，出力は入力から切り離され，ホールドモードとなる．ダイオードのスイッチ速度が動作時間を決める．pn ダイオードでは少数キャリアの再結合のためスイッチ時間の上限が決まるが，多数キャリアだけで動作するショットキーダイオードを使用することで一層の高速化が可能になる．

　ダイオードブリッジを利用した回路では電源電圧とグランド間に存在する pn 接合の数が多く，これらを同時に ON 状態にするためには，ある程度高い電源電圧が必要になる．すなわち，回路の低電圧化が難しい．このため，バイポーラ接合トランジスタ（BJT）だけで構成した S/H 回路が知られている．図 **3.16** に，スイッチトエミッタフォロワ[24]と呼ばれる回路の概略図を示す．実際には差動回路を用いるが，この図では簡単のため半回路を示した．V_clk が HIGH のとき Q_1 と Q_3 が ON 状態となり，エミッタフォロワとして動作する．V_out は，Q_1 のエミッタ-ベース間の pn ダイオード 1 個分の電圧降下分の差を伴って V_x に追従（トラック）する．V_clk が LOW になると電流 I_1 が Q_3 から Q_2 に切り替わり，R を流れる．その結果，R の両端の電圧降下により V_x の電位が下がり，$V_x - V_y$ が閾値電圧以下になる．したがって，Q_1 は OFF 状態になり，V_x と V_y が分離されホールドモードとなる．エミッタフォロワ動作

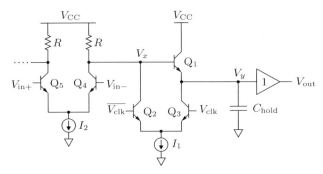

図 3.16 スイッチトエミッタフォロワ S/H 回路

を V_{clk} で ON/OFF することから，スイッチトエミッタフォロワと呼ばれている．

すでに述べたように，Q_1 が OFF になるタイミングは，R の両端の電圧降下の様子で決まる．入力信号がそれに影響を与えないかどうか考えてみよう．つまり，サンプリングのタイミングが入力信号で変化しないかを考える．もし，Q_4 の出力インピーダンスが無限大であるとすると，V_x が低下し，Q_4 のエミッタ-コレクタ間電圧が変わっても，Q_4 のコレクタ電流は変化しないため，その入力が R の両端の電圧降下に影響を与えることはなく，サンプリングのタイミングが入力信号で変化することもない．ただし，この間の入力電圧の変化は小さいことを仮定している．

これに対して，もし Q_4 の出力インピーダンスが有限[†]であると状況が違ってくる．この場合，V_x が低下すると Q_4 のエミッタ-コレクタ間電圧が減少し，Q_4 のコレクタ電流も減少する．このコレクタ電流と I_1 の合計が R に流れるため，サンプルモードからホールドモードに移行するとき，コレクタ電流が減少すれば R の両端における電圧降下が緩やかになり，V_x の低下も緩やかになる．実際，$V_{\text{in}-}$ が大きいと，サンプルモードでの Q_4 のコレクタ電流が大きく，ホールドモードに移行するときのコレクタ電流減少分が大きいため，R による電圧降下が緩やかになって，サンプリングタイミングが遅れる．これに対して，

[†] アーリィ効果．MOSFET ではチャネル長変調効果と呼ばれる．

$V_{\text{in}-}$ が小さいときは，サンプルモードでの Q_4 のコレクタ電流が小さく，ホールドモードに移行するときの電流減少分も小さいため，V_x の低下の様子は出力インピーダンスが無限大である場合と変わらない．すなわち，サンプリングタイミングが入力信号の影響を受ける可能性がある．

このことは，BJT の代わりに，微細化 MOSFET を用いて回路を構成しようとするとき問題になる可能性がある．すなわち，微細化 MOSFET では出力インピーダンスを大きくするのが難しく，図 3.16 の回路を作るとサンプリングタイミングが入力に依存し，その結果，サンプリングした信号には歪が含まれることが考えられる．それを抑止するために工夫された回路を**図 3.17** に示す[25]．MOSFET を用いるため，スイッチトソースフォロワ S/H 回路と呼ばれている．この回路では，もし M_3 の出力インピーダンスが有限であったとしても，R にはつねに同じ一定の電流 I_1 が流れるため，ホールドモードに移行するときに R 両端の電圧差が変化することはなく，サンプリングのタイミングが入力信号の影響を受けることもない．ただし，M_5 の出力インピーダンスが有限であると，V_{in} の値によって M_5 のゲート-ソース間の電圧が変化する可能性があり，注意深い設計が必要になる．

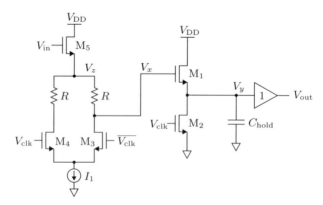

図 3.17 スイッチトソースフォロワ S/H 回路

3.1.5 ブートストラップスイッチ

ここでは，回路の低電圧化を図るために，近年，S/H 回路のスイッチとしてよく利用されているブートストラップスイッチ[†]について述べる。

電源電圧が V_{DD1} から V_{DD2}, V_{DD3} に低下するときのパスゲートの ON コンダクタンス，すなわち ON 抵抗の逆数の変化を**図 3.18** に示す。パスゲートの ON コンダクタンス G_{on} は

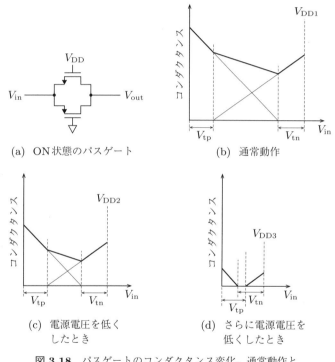

(a) ON 状態のパスゲート　　(b) 通常動作

(c) 電源電圧を低くしたとき　　(d) さらに電源電圧を低くしたとき

図 3.18 パスゲートのコンダクタンス変化。通常動作と，電源電圧を低くしたとき，および，さらに電源電圧を低くして ON 状態が維持できなくなったとき。

[†] ブートストラップとは靴のかかとについている「つまみ革」のことである。ほら吹き男爵が沼に落ちたとき，自分が履いた靴の「つまみ革」を自分で引いて沼から脱出したという話になぞらえている。ここでは，十分に低い ON 抵抗を実現するため，回路自体で高い電圧を発生させる手法のことをいう。

$$G_{\text{on}} = \mu_n C_{\text{ox}} \left[\frac{W}{L}\right]_n V_{\text{ov},n} + \mu_p C_{\text{ox}} \left[\frac{W}{L}\right]_p V_{\text{ov},p} \quad (3.11)$$

と表せる。ここで，それぞれの MOSFET のオーバードライブ電圧は

$$V_{\text{ov},n} = V_{\text{DD}} - V_{\text{in}} - V_{\text{tn}} \quad (3.12)$$

$$V_{\text{ov},p} = V_{\text{in}} - V_{\text{tp}} \quad (3.13)$$

である。もし

$$\mu_n \left[\frac{W}{L}\right]_n = \mu_p \left[\frac{W}{L}\right]_p \quad (3.14)$$

とすれば

$$G_{\text{on}} = \mu_n C_{\text{ox}} \left[\frac{W}{L}\right]_n (V_{\text{DD}} - V_{\text{tn}} - V_{\text{tp}}) \quad (3.15)$$

と書ける。すなわち，図 3.18 に示しているように，V_{DD} の低下とともにコンダクタンスは小さくなり，$V_{\text{DD}} < V_{\text{tn}} + V_{\text{tp}}$ では，コンダクタンスが 0 の領域が信号振幅の中央付近で発生する。つまり，スイッチが ON しなくなることを意味する。

電源電圧は変えずにこれを解決するには，入力電圧を使って，つねにそれより一定値だけ高いスイッチ駆動用の電圧を回路内で作り出しゲートに供給すればよい。この考え方がブートストラップスイッチと呼ばれるゆえんである。実現したいことを図 3.19 (a) に示す。入力信号 V_{in} より V_{DD} だけ高い電圧をつねに作り出し，V_{clk} としてスイッチとなる M_{11} のゲートに供給すれば，$V_{\text{DD}} \geqq V_{\text{tn}}$ である限り M_{11} を ON 状態にすることが可能で，サンプリングすることができる。パスゲートでは，$V_{\text{DD}} \geqq V_{\text{tn}} + V_{\text{tp}}$ が必要だったため，それと比較して V_{tp} だけ低い電圧でも動作できることを意味する。

実際の集積回路上で電圧源を実装することはできないため，図 (b) に示すように，容量 C_b を充電することで V_{DD} を作り出す。実際に C_b を充電するためには，図 (c) に示すように，電源とグランドに接続するための M_3，M_{12} が必要である。サンプルモードでは M_8，M_9 を ON 状態にすることで M_{11} の

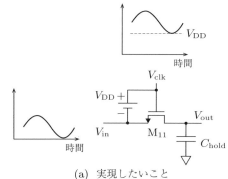

(a) 実現したいこと

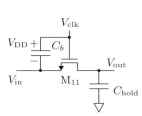

(b) 電源を容量で置き換え

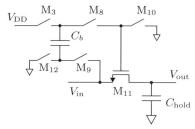

(c) 容量を充電する回路を付加

図 3.19 ブートストラップスイッチの考え方。実現したいことと，電源を容量で置き換えたとき，および，容量を充電するための回路を付加したとき。

ゲートに信号電圧より V_{DD} だけ高い電圧を供給する。一方，ホールドモードでは M_{10} を ON 状態，M_8 を OFF 状態にして，スイッチ M_{11} を OFF 状態にする。

図 3.19 (c) の M_8, M_{10}, M_{12} を MOSFET に置き換えた回路を**図 3.20** (a) に示す。図 3.18 (d) に示したように，MOSFET をスイッチとして用いて LOW (0 V) を伝えるためには nMOSFET を，HIGH (V_{DD}) を伝えるためには pMOSFET を使う必要がある。すなわち，M_8 には pMOSFET を，M_{10} および M_{12} には nMOSFET を用いる。V_{clk} が LOW のとき，M_{10} が ON 状態で，V_x がグランドとつながるため M_{11} は OFF 状態となり，回路はホールドモードとなる。また，このとき M_{12} も ON 状態になっているため，M_3 も ON 状態にすれば C_b を充電できる。

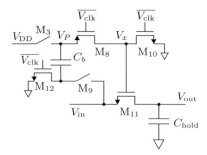

(a) ブートストラップスイッチ回路

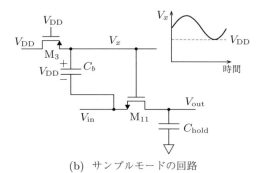

(b) サンプルモードの回路

図 3.20 MOSFET を用いたブートストラップスイッチ回路とそのサンプルモードの回路

V_{clk} が HIGH になると，V_x がグランドから V_P に切り替わり，M_3 と M_{12} を OFF 状態，M_9 を ON 状態にすれば，V_{in} より V_{DD} だけ高い電圧を M_{11} のゲート V_x に供給でき，回路はサンプルモードとなる．このときの M_3 のゲート電圧について考えてみよう．M_3 は V_{DD} とつながるため，pMOSFET でなければならない．また，サンプルモードでは，この pMOSFET を OFF 状態にする必要がある．通常の pMOSFET ではゲートを V_{DD} にすればよいが，M_3 がつながっている V_P は，図 3.20 (b) に示すように，サンプルモードで V_{DD} より高くなっているため，ゲートを V_{DD} にしても OFF 状態にはできない．一方で，C_b の充電は定期的に行わなければならず，そのときは M_3 を ON 状態にする必要がある．しかし，サンプリング後には V_P が V_{DD} より高くなっているため，M_3 のゲートを V_{DD} にしても M_3 は ON 状態にならない．これらを満足

するためには，M_3 のゲートは，M_{11} と同様に，昇圧されたノード V_x と接続する必要がある．また，M_9 は 0 V から V_{DD} の間で ON 状態にする必要があるため nMOSFET を用いるが，ゲートには V_{DD} 以上の電圧を印加する必要があり，この MOSFET もまた，昇圧されたノード V_x と接続する必要がある．これらを考慮した回路図を図 **3.21** (a) に示す．

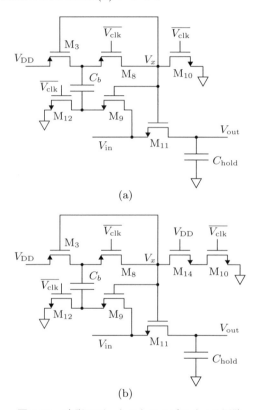

図 **3.21** 実際のブートストラップスイッチ回路

最後の注意点であるが，V_x が V_{DD} 以上になるため，M_{10} のゲート-ドレイン間電圧がプロセスで決まっている耐圧を超えることで信頼性が低下する，あるいは，最悪の場合には破損する可能性がある．これを防ぐため，図 3.21 (b)に示すように，M_{14} を挿入する[26]．こうすれば，サンプルモードで V_x がたと

え $2V_{DD}$ になったとしても，M_{10} のゲート-ドレイン間に過大な電位差が発生することを防げる。

この項の内容に興味を持った読者は，巻末の文献 21) を参照されたい。

3.1.6 熱 雑 音

この項では，S/H 回路の性能限界を決める雑音について考察する。一般に，雑音には外部から混入する人為的な雑音と，回路を構成する素子自体に起因する雑音がある。前者には，基板を介して他の回路から混入する雑音や電源電圧変動などがある。後者としては，電子のランダムな挙動やトラップに起因するもので，熱雑音や $1/f$ 雑音（フリッカ雑音）などが知られている。ここでは，中でも最も本質的で，避けることができない熱雑音について説明する[†]。

熱雑音は検知可能な信号強度の下限を決める。言い換えれば，A/D 変換における原理的な分解能の上限を決める。しかも，以下で説明するように，熱雑音の大きさと，動作速度，消費電力は密接に関連している。そのため，特に近年，低電圧動作の必要性が高まり，熱雑音に配慮した回路設計の重要性が増してきた。

S/H 回路における熱雑音は，MOSFET の ON 抵抗に起因する。抵抗 R で発生する熱雑音のパワースペクトル密度 $\mathrm{PSD}(f)$ は

$$\mathrm{PSD}(f) = 4kT \tag{3.16}$$

と表すことができ，THz オーダまでほぼ一定であるといわれている。実際の回路で問題とする一定の周波数帯域 $[f_1, f_2]$ における熱雑音は，その範囲で $\mathrm{PSD}(f)$ を積分すればよく

$$\begin{aligned} P_n &= \int_{f_1}^{f_2} 4kT\,df \\ &= 4kT(f_2 - f_1) \\ &= 4kT\Delta f \end{aligned} \tag{3.17}$$

として求めることができる。

[†] $1/f$ 雑音については，チョッパ安定化や相関2重サンプリング法で低減化が可能なため，ここでは省略する。

抵抗 R の熱雑音を等価電圧源および等価電流源で表したモデルを**図 3.22** に示す。雑音を等価電圧源で表すと

$$\overline{v_n^2} = P_n R$$
$$= 4kTR\Delta f \tag{3.18}$$

と書け，等価電流源で表すと

$$\overline{i_n^2} = \frac{P_n}{R}$$
$$= 4kT\frac{1}{R}\Delta f \tag{3.19}$$

と書ける。

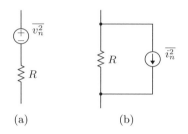

図 3.22 抵抗の熱雑音のモデル

以上の結果を，サンプルモードにおける S/H 回路に適用したのが，**図 3.23** (a) に示す回路である。スイッチに用いる MOSFET を抵抗と見なし，図 3.22 の等価電圧源で置き換えた。ホールドモードでは雑音源 R と出力が切り離されているため，熱雑音の影響は出力に現れない。熱雑音は，抵抗の端子間を流れる電子の熱運動のランダム性に起因するもので，容量の両端には発生しないと考えられている。したがって，S/H 回路が動作するときの出力に発生する雑音は，図 3.23 (b) のようになる。V_out の値は熱雑音の影響を受け変動していて，その中の一つの値がサンプリングされ，$n-1$, n, $n+1$ におけるサンプル値として出力されることになる。回路内部で発生する雑音を出力端子で集約した雑音を出力参照雑音と呼び，いまの場合，それは以下のように求まる。

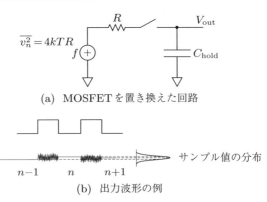

(a) MOSFETを置き換えた回路

(b) 出力波形の例

図 3.23 S/H 回路における熱雑音の影響。スイッチ MOSFET を熱雑音を伴う抵抗で置き換えた回路と，その場合の出力波形の例。

$$\overline{v_{\text{out}}^2} = \int_0^\infty 4kTR \left| \frac{1}{1+j2\pi fRC} \right|^2 df$$
$$= 4kTR \cdot \frac{1}{4RC} = \frac{kT}{C} \tag{3.20}$$

出力参照雑音が雑音源である R に依存しないのは不思議に感じるかもしれないが，つぎのような事情による。ON 抵抗 R が大きくなると PSD も大きくなるが，信号通過帯域が減少する。前者は R に比例し，後者は反比例するため，これらが打ち消し合い，R には依存しない形になる。C が式の中に入っているが，容量が雑音源なのではなく，雑音自体は抵抗から発生していることに注意する。

この式に基づくと，$C = 1\,\text{pF}$ ではおよそ $64\,\mu\text{Vrms}$ になる。フルスケールを $1\,\text{V}$ とすると，これはおよそ 13 ビット分解能に相当し，これが原理的な限界を与えることになる。ホールド容量 C_{hold} と SNR の関係を**表 3.3** に示す。

式 (3.20) は，統計物理学で知られている等分配則からも導出されることが知られている。すなわち，熱平衡状態にある物理系の 1 自由度当りの平均エネルギーは $kT/2$ で与えられる。いまの場合，容量に蓄えられる静電エネルギーがそれに対応し

$$\overline{\frac{1}{2}Cv_{\text{out}}^2} = \frac{1}{2}kT \tag{3.21}$$

表 3.3 熱雑音による SNR の限界

SNR〔dB〕	C_{hold}〔pF〕
20	0.00000083
40	0.000083
60	0.0083
80	0.83
100	83
120	8300
140	830000

すなわち

$$\overline{v_{\text{out}}^2} = \frac{kT}{C} \tag{3.22}$$

を得る。

図 3.23 に示した S/H 回路において，回路の時定数 CR が小さく，サンプル間の雑音に相関がないとすると，周波数帯域 $0 \sim f_s/2$ の間で均一に広がる白色雑音を考えればよいことになる。全雑音パワーは kT/C であるから，サンプリング後の雑音の PSD は

$$\text{PSD}_s = \frac{2}{f_s}\frac{kT}{C} \tag{3.23}$$

と表せる。これに対して抵抗の両端で発生する熱雑音の PSD は

$$\text{PSD}_R = 4kTR \tag{3.24}$$

である。これらの比をとると

$$\frac{\text{PSD}_s}{\text{PSD}_R} = \frac{1}{2f_s}\frac{1}{\text{CR}} = \frac{T_s/2}{\tau} \tag{3.25}$$

を得る。サンプリングにより PSD が増える理由は，もともと広い周波数領域に広がっていた熱雑音が，サンプリングにより折り返されたことによる。

3.1.7 消 費 電 力

前項の熱雑音を考慮に入れて，S/H 回路の消費電力について考えてみる。必要とする分解能を得るためには，出力における 1 LSB に相当する電圧が雑音電

圧を上回る必要があり，そのためには，十分な電力を回路に供給しなければならない。それを可能にするために必要な最小の消費電力を求めてみよう。その解析のための回路モデルを図 **3.24** に示す。

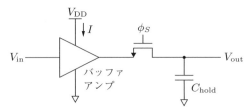

図 **3.24** 消費電力解析のための S/H 回路のモデル

雑音にはさまざまな起源があるが，ここでは外部からの雑音混入はないものと仮定して，構成素子からの発生が避けられない，最も基本的な雑音として熱雑音のみを考える。すなわち，雑音パワー v_n^2 は

$$v_n^2 = \frac{kT}{C_{\mathrm{hold}}} \tag{3.26}$$

と書ける。また，フルスケールの入力信号パワー v_s^2 は

$$v_s^2 = \frac{V_{\mathrm{FS}}}{2\sqrt{2}} \tag{3.27}$$

と書ける。V_{FS} はフルスケール電圧である。これらの比はダイナミックレンジ D に相当し

$$D = \frac{v_s^2}{v_n^2} = \frac{V_{\mathrm{FS}}^2 C_{\mathrm{hold}}}{8kT} \tag{3.28}$$

と書ける。これから，ダイナミックレンジ D を得るために必要なホールド容量 C_{hold} は

$$C_{\mathrm{hold}} = \frac{8kTD}{V_{\mathrm{FS}}^2} \tag{3.29}$$

と求めることができる。一方，一定電流 I_S によってサンプリング周期 T_s の半分で容量 C_{hold} を充電することを考えると

$$I_S = \frac{C_{\text{hold}} V_{\text{FS}}}{T_s/2} \tag{3.30}$$

と見積もることができるから，これに相当する消費電力 $P_{\text{S/H}}$ は

$$\begin{aligned} P_{\text{S/H}} &= I_S V_{\text{FS}} \\ &= 16 k T f_s D \end{aligned} \tag{3.31}$$

となる．ここで f_s は T_s の逆数で，サンプリング周波数である．ダイナミックレンジを広くするほど，言い換えれば，分解能を高めるほど，大きな電力が必要になることがわかる．また，高速でサンプリングすることも，消費電力を高める原因となることもわかる．また，上式は

$$\begin{aligned} P_{\text{S/H}} &= \frac{C_{\text{hold}} V_{\text{FS}}}{T_s/2} V_{\text{FS}} \\ &= 2 C_{\text{hold}} f_s V_{\text{FS}}^2 \end{aligned} \tag{3.32}$$

とも書ける．式 (3.32) は，係数 2 を除いて，CMOS デジタル回路で知られているダイナミック消費電力の式と等価である．係数 2 は，サンプリング周波数の半分で動作することを想定したためである．

さらに詳細に興味がある読者は，巻末の参考文献 27), 28) を参照されたい．

3.1.8　ジッタ

S/H 回路におけるクロックジッタの影響について，2.1.3 項で説明した．タイミングの変動 Δt_{clk} がランダムなときがジッタ，一定ならスキューと呼ばれている．

クロック信号を MOSFET スイッチに供給するために用いるクロックバッファにはインバータを用いるのが一般的なので，その場合に考えられるジッタの原因を考察しよう．図 3.25 に示すように，電源電圧の変動 ΔV_{DD} がジッタ Δt_{samp} の原因となる．電源が変動すると，出力振幅が変わるだけでなく，傾きも変化するためである．簡単化のため，ジッタの原因が電源電圧の変動だけと仮定して，その影響を見積もってみる．例えば 10 ％の電源電圧変動があると，

76　　3. 基本回路ブロック

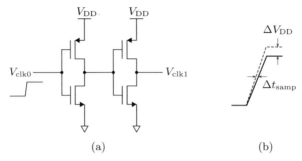

図 3.25　電源電圧変動によるジッタ

およそ5％の立ち上がりエッジの変動があると考えられる。通常の立ち上がり時間を30～60 ps とすると，これは1.5～3 ps のジッタに相当する。微細化に伴う素子の高速化が進めば，立ち上がり時間が短くなり，これは改善されると期待できる。デジタル回路では，入出力が「0」「1」間で変化するとき一時的に大きな電流が電源線，グランド線に流れるため，デジタル回路の V_{DD} とグランドの電位はたえず大きく揺らいでいる。したがって，同じ基板上に搭載したデジタル回路の V_{DD}，グランドを共有することは避けなければならない。

　ジッタの原因として，熱雑音も考えられる。そのモデルを図 3.26 に示す。熱雑音による入力参照電圧 $v_{n,n+p}$ は

$$v_{n,n+p} = \frac{4kTBW}{g_{m,n} + g_{m,p}} \tag{3.33}$$

と表せる。ここで BW は信号帯域である。nMOSFET と pMOSFET のチャ

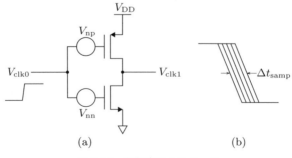

図 3.26　熱雑音によるジッタ

ネル幅とチャネル長の比を $(W/L)_{n,p} = 5, 10$ と仮定した典型的な例では，50 ps の立ち上がり入力に対して，ジッタ量の分散は 25 fs となる．

コーヒーブレイク

もし S/H 回路を使わなかったら

一般的な A/D 変換器では，変換に一定の時間が必要なため，連続的に変化する入力信号の値を，その間，一定に保持するために S/H 回路が必要であることを述べてきた．もし，信号が一定か，きわめてゆっくりとしか変化せず，A/D 変換中の信号変化が 1 LSB 以下であれば，S/H 回路は不要になる．S/H 回路を使わないとしたら，入力周波数の上限はどのくらいになるか見積もってみよう．

入力波を正弦波として

$$v(t) = q\left(\frac{2^N}{2}\right)\sin(2\pi ft) \tag{2}$$

とすると，その時間変化は

$$\frac{dv(t)}{dt} = q\left(\frac{2^N}{2}\right)2\pi f\cos(2\pi ft) \tag{3}$$

となる．ここで q は 1 LSB に相当する電圧である．したがって，A/D 変換に必要な時間 Δt で信号変化が q 以下であるためには

$$f \leq \frac{\frac{q}{\Delta t}}{q 2^N \pi} = \frac{1}{2^N \pi \Delta t} \tag{4}$$

を満足しなければならない．例として，$N = 12$ ビット分解能，100 kS/s で A/D 変換することを考える．サンプリング周期 10 μs のうち，A/D 変換時間 Δt を 8 μs，残りの 2 μs は出力デジタル値を外部レジスタに保存するために必要な時間として，この式を計算すると，$f \leq 9.7$ Hz を得る．普通に取り扱う信号としてはきわめて低いが，もし，温度センサのように，出力変化がきわめて緩やかであるならば，S/H 回路を省略できる，ともいえる．

上記の議論は，入力信号を最終的な分解能まで量子化するために，ある程度の時間 Δt を要することを前提にしている．これは多くの A/D 変換器に当てはまるが，5.2 節で述べるように，フラッシュ型ではアナログ入力信号を一括して量子化するため，原理的には S/H 回路を使わなくても高速入力信号を A/D 変換できる．

3.2 コンパレータ

A/D 変換においてサンプリングと並ぶ基本機能が量子化であり,それを担う回路がコンパレータである。比較器あるいは量子化器[†]とも呼ばれる。図 **3.27** に示すように,コンパレータは二つのアナログ入力と,一つのデジタル出力を持ち,アナログ入力 V_{in} と参照電圧 V_{ref} の大小関係を比較し,その結果を「0」「1」で出力する。微小アナログ入力をデジタル値まで瞬時に増幅できる増幅器の一種と考えてもよい。「0」を 0 V,「1」を V_{DD} に対応させれば,出力はつぎのように表せる。

$$V_{\text{out}} = \begin{cases} V_{\text{DD}}, & \text{if } V_{\text{in}} \geqq V_{\text{ref}} \\ 0, & \text{if } V_{\text{in}} < V_{\text{ref}} \end{cases} \tag{3.34}$$

コンパレータは 1 ビットの A/D 変換器と考えることもできる。まさに,アナログとデジタルの境界に配置された回路で,高速・高分解能の判定動作が要求される。以下では,これらの機能を実現するための回路について,オペアンプを用いたコンパレータ,多段コンパレータ,ラッチ付きコンパレータの順に説明する。それぞれについて,基本動作を説明した後に,技術的な課題と対策について述べる。

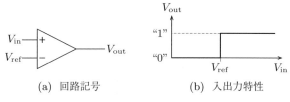

(a) 回路記号　　(b) 入出力特性

図 **3.27** コンパレータの回路記号と入出力特性

[†] 用語の使用法としては,量子化器は 2 ビット以上に量子化するときにも使われ,一方,コンパレータや比較器は 1 ビット判定のときに用いられる。

3.2.1 オペアンプを利用したコンパレータ

（1）基本動作　オペアンプは差動入力を増幅して出力する。図 **3.28** に示す例で，オペアンプのゲインを A とすると，十分に小さい入力 V_{in} に対して出力 V_{out} は AV_{in} となる。これに対して，入力がある程度大きいと通常の増幅機能は得られず，図 3.28 (b) で示すように，出力は $+V_{\mathrm{DD}}$ または $-V_{\mathrm{DD}}$ に固定されてしまう。すなわち，広い範囲の入力電圧に対して，出力電圧は

$$V_{\mathrm{out}} = \begin{cases} +V_{\mathrm{DD}}, & \text{if } V_{\mathrm{DD}}/A \leqq V_{\mathrm{in}} \\ AV_{\mathrm{in}}, & \text{if } -V_{\mathrm{DD}}/A \leqq V_{\mathrm{in}} < V_{\mathrm{DD}}/A \\ -V_{\mathrm{DD}}, & \text{if } V_{\mathrm{in}} < -V_{\mathrm{DD}}/A \end{cases} \quad (3.35)$$

と書ける。もし A が十分に大きければ，式 (3.35) は，式 (3.34) で $V_{\mathrm{ref}} = 0\,\mathrm{V}$ とした場合と近似的に同じになる。すなわち，高いゲインのオペアンプはコンパレータとして利用できることがわかる。

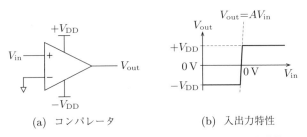

図 **3.28**　オペアンプを用いたコンパレータと入出力特性

（2）クロック付きコンパレータ　A/D 変換における量子化はサンプリングした値を対象とするため，クロック信号を用いてタイミング制御可能なクロック付きコンパレータが用いられることが多い。その例を図 **3.29** に示す。この図に示すように，ϕ_1 と ϕ_2 は 2 相ノンオーバーラップクロックで，ϕ_{1a} は ϕ_1 よりわずかに早いタイミングで LOW になるクロック信号を意味する。ϕ_1 が HIGH のとき，SW_2 と SW_3 が閉じて，回路はリセットモードである。オペアンプはユニティゲインバッファとして機能し，オペアンプのゲインが無限大であると仮定すれば，出力 V_{out} は $0\,\mathrm{V}$ である。また，容量 C の両端子が $0\,\mathrm{V}$ と

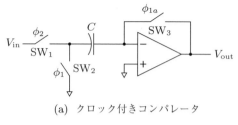

(a) クロック付きコンパレータ

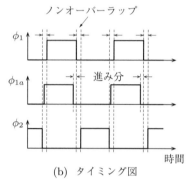

(b) タイミング図

図 3.29 オペアンプを用いたクロック付きコンパレータとタイミング図

なり，蓄えられた電荷は 0 となる。ϕ_2 が HIGH のとき比較モードである。オペアンプの反転端子が高インピーダンスであるため，リセットモードから比較モードに移行しても，電荷の出入りはなく，容量に蓄えられた電荷量は変化しない。すなわち，比較モードに移行しても電荷量は 0 である。そのため，両電極間の電位差も 0 であり，反転端子の電圧は V_in に等しく，式 (3.34) で決まる出力 V_out が得られる。ここで，$V_\mathrm{ref} = 0\,\mathrm{V}$ としている。

使用するノンオーバーラップクロック発生回路を図 3.30 に示す。V_clk が LOW だと，ϕ_1 が HIGH，ϕ_2 が LOW である。この状態から V_clk が HIGH に変わると，ϕ_1 が LOW に変わり，それが下の NOR 回路に入力された後，インバータ 2 個分の遅延後，ϕ_2 が HIGH になる。すなわち，HIGH が重ならない 2 相ノンオーバーラップクロック信号が得られる。また，ϕ_{1a} が ϕ_1 よりインバータ 2 個分の遅延時間だけ早いタイミングで変化する。

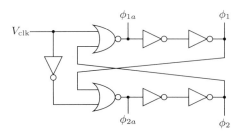

図 3.30 ノンオーバーラップクロック発生回路

図 3.29 (a) の容量記号で，曲がっている極板は下部電極を表す．特に断らない限り，本書の他の場所でもこの記号を用いることにする．集積回路で用いる容量は，**図 3.31** に示す構造になっており，基板に近い電極を下部電極，その上の電極を上部電極と呼ぶ．下部電極は基板との間に大きな寄生容量を持つ．これに対して上部電極では基板から離れており，下部電極の静電遮蔽効果もあるため，基板間の寄生容量は小さい．このため，通常，オペアンプ入力のような高インピーダンス端子には，上部電極を接続することが多い．下部電極には，寄生容量があってもその影響を受けにくい低インピーダンス端子，例えば電源や入力端子，オペアンプの出力を接続する．

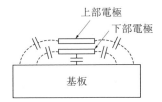

図 3.31 容量の上部電極と下部電極に付随する寄生容量

このコンパレータの動作時に容量 C の充放電がないことに注意する．これは，入力側から充電する必要がなく，入力から見た負荷が軽く見えることを意味する．したがって，低消費電力化に有効であるといえる[†]．もし，図 3.29 (a) で ϕ_1 と ϕ_2 を入れ替えると，比較動作ごとに充放電が起きる．また，判定結果が

[†] ただし，オペアンプの消費電力は無視できないことに注意する．後の章（例えば 5.6 節）で説明するように，オペアンプを使用する A/D 変換器の低消費電力化を考える上で，オペアンプの消費電力削減が主要課題になることが多い．

反転されて出力電圧に現れる。しかし，こうすると比較モードで出力値は固定され，たとえその間に入力が変化しても出力は変化しない。これに対して，入れ替える前の回路では，比較モードで入力が変化し，0 V を横切ったとすると，その時点で出力も反転するため，注意を要する。

（3） 電荷注入とオフセット，動作速度　　S/H 回路で，スイッチとして用いる MOSFET が ON 状態から OFF 状態に切り替わるときに，チャネルに蓄積されていたキャリア[†]がソースおよびドレインから素子外部に流出し，それらに接続された容量にたまる電荷注入について説明した。コンパレータでも MOSFET をスイッチとして利用しているため同様の現象が起こり，誤った比較結果を出力してしまう可能性がある。図 3.29 (a) に示した回路では，スイッチの順序を工夫することでその影響を低減化している。すなわち，ϕ_{1a} を ϕ_1 よりわずかに早く OFF にする。これにより，SW_2 からの電荷注入を抑止できる。SW_2 が OFF になるとき，すでに SW_3 が OFF していて，C のオペアンプ側の端子が高インピーダンスになっているためである。SW_3 からの電荷注入は考慮する必要があるが，その量は入力信号に依存しないため，一定のオフセットが発生するだけで，歪の原因にはならない。

オペアンプ入力にオフセット V_{os} があった場合を考えよう。オフセットは，図 **3.32** に示すように，理想オペアンプと V_{os} に相当する電圧源でモデル化で

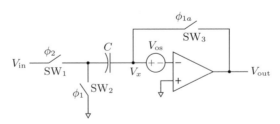

図 3.32 オフセットを持つオペアンプを用いたクロック付きコンパレータ

[†] より正確にいえば，チャネルだけでなく，MOSFET のゲート-ソース間およびゲート-ドレイン間のオーバーラップ容量の電荷も考慮する必要がある。

きる。リセットモード ϕ_1 では，$V_x = V_{\text{out}} = (A/(A+1))V_{\text{os}} \approx V_{\text{os}}$ であるから，C の上部電極には電荷 CV_{os} がたまることになる。比較モード ϕ_2 になっても，C の電荷は変化しないから，$V_x = V_{\text{in}} + V_{\text{os}}$ となり，オフセット電圧の影響は相殺できることがわかる。これはオペアンプの代わりに，あとで述べるコンパレータを用いた場合でも同様に成り立つ。実際 MOSFET を用いたオペアンプやコンパレータでは，数 mV 程度のオフセットが必ず存在するため，オフセットが相殺できることはこの回路の大きな特徴である。

オペアンプを用いたコンパレータの欠点は，高速動作が困難なことである。例えば，ユニティゲイン周波数 f_T が 10 MHz のオペアンプを用いて，出力電圧 5 V，分解能 0.5 mV を実現しようとするとき，必要なオペアンプのゲイン A_0 〔dB〕は

$$A_0 \,[\text{dB}] = 20 \log \frac{5}{0.5 \times 10^{-3}} = 80 \,\text{dB} \tag{3.36}$$

となる。ちなみに，入力信号のフルスケールを 5 V としたとき，A/D 変換器の 1 LSB が 0.5 mV であることは，分解能がおよそ 13 ビット ($= \log_{10}(5/0.0005)/\log_{10} 2$) であることに相当する。このようなオペアンプの伝達関数を図 3.33 に示す。3 dB 周波数 $f_{-3\,\text{dB}}$ は

$$f_{-3\,\text{dB}} = \frac{f_T}{A_0} = 1 \,\text{kHz} \tag{3.37}$$

であり，対応する時定数 τ は

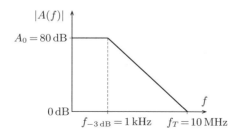

図 3.33 コンパレータに用いたオペアンプの開ループの伝達関数

$$\tau = \frac{1}{2\pi f_{-3\mathrm{dB}}} \simeq 0.16\,\mathrm{ms} \tag{3.38}$$

と求まる。これでは応用範囲が低速領域に限られてしまい，あまり実用的とはいえない。

（ **4** ） **その他の構成法**　図 3.29 (a) に示したコンパレータの入出力を差動化した完全差動型コンパレータを**図 3.34** に示す。差動化することでコモンモード信号に混入する雑音の影響を受けにくくなる。電荷注入も正負のチャネルに同時に加わるコモンモード信号成分なので，差動化することでその影響を低減化できる。近年，データ変換器で用いられている多くのコンパレータが，このように構成されている。

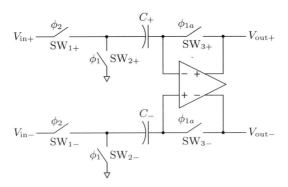

図 **3.34**　完全差動型コンパレータ

また，本項ではオペアンプを例にとり説明したが，要求性能が満足される場合には，オペアンプを単純な CMOS インバータで置き換えることも可能である。その例を図 **3.35** に示す。この回路の動作は図 3.29 (a) に示したものと基本的に同じだが，リセットモード ϕ_1 で V_x が，CMOS インバータの入出力が等しくなる論理閾値電圧になるため，V_{ref} もその値に設定することが多い。典型的には $V_{\mathrm{DD}}/2$ とする。このとき，式 (3.34) を満足する出力が得られる。

3.2 コンパレータ   85

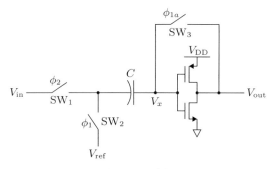

図 3.35 CMOS インバータを用いたコンパレータ

3.2.2 多段コンパレータ

コンパレータの動作速度を改善する方法として，ゲインの小さいアンプを多段につなぐ方法が知られている．その例を**図 3.36** (a) に示す．各段のゲインを A_0 とすると，その遅延時間 τ は式 (3.37), (3.38) を用いて

$$\tau = \frac{A_0}{2\pi f_T} \tag{3.39}$$

と書ける．ここで，f_T はオペアンプの電流ゲインが 0 になる周波数で，ユニティゲイン周波数と呼ばれる．n 段つないだときの全体の遅延時間 τ_{total} は，近

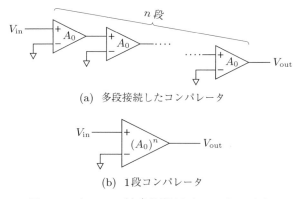

(a) 多段接続したコンパレータ

(b) 1 段コンパレータ

図 3.36 オペアンプを多段接続したコンパレータと同じゲインの 1 段コンパレータ

似的にはこれらの総和で書き表せる。すなわち

$$\tau_{\text{total}} \approx n\tau = \frac{nA_0}{2\pi f_T} \tag{3.40}$$

と書ける。一方，図 3.36 (b) に示すような，同じゲインを持つ 1 段コンパレータの遅延時間 τ_1 は，同様にして

$$\tau_1 = \frac{A_0^n}{2\pi f_T} \tag{3.41}$$

と書くことができる。同じ回路形式と製造技術を用いることを想定して，同じ f_T を用いた。このとき，$nA_0 \ll A_0^n$ であるから，1 段コンパレータと比較して，大幅な高速化が可能であることがわかる。オペアンプを用いたコンパレータに限らず，一般のコンパレータを用いた場合も，多段化による高速化が検討される例が多い。

クロック信号でコンパレータの動作を制御することで，オフセットを相殺できることを 3.2.1 項で述べた。また，電荷注入についても考察した。ここでは図 3.37 に示すクロック付き多段コンパレータにおいて，オフセットと電荷注入の影響を説明する。クロック信号 ϕ_{1a} から ϕ_{1c} まではその順で OFF することを意味する。また，これらすべてが OFF になった後に ϕ_1 を OFF することにする。3.2.1 項と同様に，この操作により，OA_1 のオフセットを相殺できる。また，SW_2 からの電荷注入を抑止できる。以下では，SW_3 からの電荷注入と OA_2，OA_3 のオフセットについて説明する。

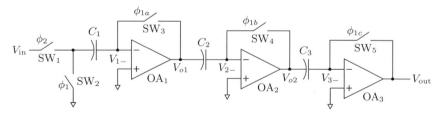

図 3.37 多段コンパレータにおけるオフセット相殺機能

ϕ_{1a} が OFF 状態になると，SW_3 からの電荷注入で C_1 の右側の端子の電位 V_{1-} はわずかに下がる。これが OA_1 の反転端子につながっているため，OA_1

のゲインだけ増幅されて OA_1 の出力 V_{o1} となる。このとき，ϕ_{1b} はまだ ON 状態なので，C_2 にはこの電圧に相当する電荷が，OA_2 のオフセット分とともに蓄積される。すなわち，比較モードではこれらが相殺されることになる。同様に，SW_4 から C_2 への電荷注入も相殺される。その結果，SW_5 から C_3 への電荷注入の影響が残ることになるが，入力換算すると OA_1 と OA_2 のゲインの積で割った値となり，ほぼ無視可能な値となる。この回路を実現する上での課題としては，複数のクロック信号を発生させる必要があり，クロック発生回路が複雑化すること，また，タイミング精度の確保が難しいことが挙げられる。

3.2.3　ラッチ付きコンパレータ

（1）**基本動作**　コンパレータの出力はデジタル値なので，オペアンプの線形増幅機能は必要ない。そこで，オペアンプを用いる代わりに，正帰還を用いて微小入力電圧をデジタル値まで短時間で増幅できるコンパレータが広く用いられている。正帰還にはデジタル回路で知られているラッチ回路を用いるため，ラッチ付きコンパレータと呼ばれる。その例[29] を図 **3.38** に示す。ラッチ

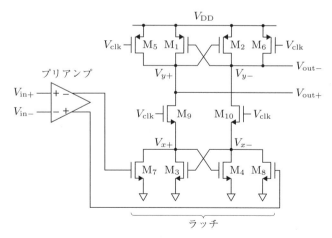

図 **3.38**　差動型ラッチ付きコンパレータ

の前段のプリアンプは分解能を高めるために用いられる。なお，この回路では差動の入出力を考えている。V_clk が LOW のときはリセットモードで，M_5 と M_6 が ON 状態にあり，出力が V_DD になっている。また，M_9 と M_{10} は OFF 状態で，V_{x-} と V_{y-}，および V_{x+} と V_{y+} は切り離されている。V_clk が HIGH のときが比較モードで，M_5 と M_6 が OFF 状態となり，出力 $V_{\mathrm{out}\pm}$ は V_DD から切り離される。一方，M_9 と M_{10} は ON 状態になり，M_1 と M_3，および M_2 と M_4 が CMOS インバータとなり，それぞれの入力が出力につながれることになる。したがって，それらの出力である $V_{\mathrm{out}\pm}$ は 0 V か V_DD となり，それを決めるのが入力 $V_{\mathrm{in}\pm}$ である。すなわち，もし $V_{\mathrm{in}+} > V_{\mathrm{in}-}$ であるとすると，V_clk が HIGH に変化した直後，$V_{x+} > V_{x-}$ となっていて，M_1 と M_3 からなるインバータへの入力が，M_2 と M_4 からなるインバータ入力よりわずかに大きくなっている。時間経過とともにその差が増幅され，$V_{\mathrm{out}+}$ には V_DD が，$V_{\mathrm{out}-}$ には 0 V が，それぞれ出力されることになる。その逆に $V_{\mathrm{in}+} < V_{\mathrm{in}-}$ なら，$V_{\mathrm{out}+}$ が 0 V，$V_{\mathrm{out}-}$ が V_DD となる。

図 3.38 に示したように，入力信号をあらかじめ増幅し分解能を高める目的でプリアンプが使われることが多い。ただし，プリアンプのゲインが大きすぎると，3.2.1 項で述べたように帯域が狭まるため，注意する必要がある。典型的には 2～10 程度にすることが多い。また，ラッチ付きコンパレータでは直前の比較結果が履歴として回路に残り，つぎの比較動作に影響を及ぼすことがある。これはコンパレータのメモリ効果，またはヒステリシスなどと呼ばれる。図 3.38 の回路では，リセットモードで出力を強制的に V_DD にするため，メモリ効果（ヒステリシス）による誤動作を回避できる。

（2） **ダイナミック型コンパレータ**　ラッチでは，比較モードで出力値が 0 V か V_DD に確定すると，V_DD からグランドまでの電流経路が遮断されるために，定常電流は流れない。また，リセットモードでも M_9 と M_{10} で電流経路が遮断されるために，一般的な CMOS 論理回路と同様にスタティックな消費電力は 0 である。しかし，プリアンプには一定電流が流れるため，低消費電力化を難しくしている。その解決策として，**図 3.39** に示すような，ダイナミック型コ

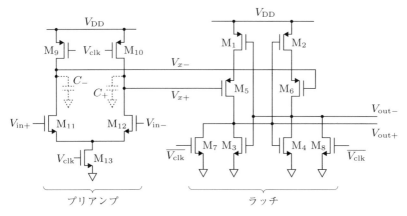

図 3.39　ダイナミック型コンパレータ

ンパレータが提案されている[30]。CMOS ダイナミック論理回路と同様に，このプリアンプは寄生容量 $C_\pm$ を積極的に利用して動作する。V_{clk} が LOW のとき，プリアンプはプリチャージの状態で，ON 状態にある M_9, M_{10} により $C_\pm$ が充電され，$V_{x\pm}$ は V_{DD} と等しくなる。V_{clk} が HIGH のときダイナミックな増幅モードで，ON 状態になった M_{13} のドレイン電流により $C_\pm$ の電荷が抜き取られる。このとき，$V_{\mathrm{in}\pm}$ の大小により $C_\pm$ の電荷の減少量が異なるため，$V_{x\pm}$ にわずかの差が生じる。リセットモードから比較モードになったラッチでその差を増幅し，デジタル出力を得ることができる。このプリアンプでは，V_{DD} からグランドに定常的に流れる電流はない。すなわち，スタティックな消費電力は 0 で，低消費電力化に有利であることがわかる。

　コンパレータ出力がデジタルフルスケールに増幅されるときに，コンパレータの出力はデジタルであり，リセットモードから比較モードに移行した直後に 0 V と V_{DD} の間で急激に変化する。もし，MOSFET のゲート-ドレイン間の寄生容量や配線容量など，出力と入力の間に高周波的な結合経路があると，出力の変化が入力側に漏れることになる。これをキックバックノイズと呼ぶ。入力側は微小なアナログ信号なので，その影響は大きい可能性がある。プリアンプを挿入することで，入出力間の寄生容量が低減化され，入力への漏れも少な

くなることが期待できる。また，多段構成もキックバックノイズ抑止に効果的である。図 3.39 のように，テール電流源 M_{13} にクロック信号を印加するときも，M_{11} と M_{12} のソース電位が急激に変化する可能性があり，ゲート-ソース容量を介して入力にクロック信号が漏れる可能性があるため，注意を要する[31]。

（**3**）　**メタスタビリティ**　　図 3.38 において，V_{clk} が HIGH になった直後の回路動作を，簡単な回路モデルで解析する。このときの回路を単純化すれば，入出力が互いに接続された二つのインバータと見なせる。それを**図 3.40** (a) に示す。MOSFET の記号は図 3.38 と一致させている。図 3.38 において，V_{clk} が LOW のとき $V_{\mathrm{out}\pm}$ は HIGH である。V_{clk} が HIGH になった直後は，その値が一時的に保持されると考えられるため，ON 状態になった M_9, M_{10} を介して M_3, M_4 のゲート電圧も HIGH になる。そのため，$V_{\mathrm{out}\pm}$ は V_{DD} とグランドの中間付近まで低下すると予想できる。その後，$V_{\mathrm{in}\pm}$ の差によって，$V_{\mathrm{out}\pm}$ が V_{DD} とグランドに向かい変化していく。そこで，V_{DD} とグランドの中間点

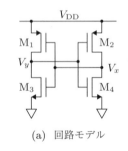

(a) 回路モデル

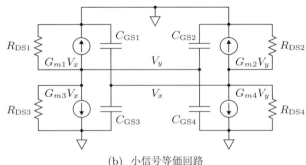

(b) 小信号等価回路

図 3.40　コンパレータの回路モデルと小信号等価回路

における小信号等価回路を考えて回路動作を解析することにする。図 3.40 (b) にそのときの小信号等価回路を示す。MOSFET を電流源，出力抵抗，ゲート容量からなる簡単な小信号等価回路で置き換えた。

V_x, V_y における接点方程式は

$$\frac{A_v}{R_L}V_y = -C_L\frac{dV_x}{dt} - \frac{V_x}{R_L} \tag{3.42}$$

$$\frac{A_v}{R_L}V_x = -C_L\frac{dV_y}{dt} - \frac{V_y}{R_L} \tag{3.43}$$

と書ける。ここで，簡単化のため，すべての MOSFET の相互コンダクタンス，出力抵抗とゲート容量は等しいと仮定した。また，R_{DS1} と R_{DS3}，R_{DS2} と R_{DS4} の合成抵抗を R_L，C_{GS1} と C_{GS3}，C_{GS2} と C_{GS4} の合成容量を C_L とした。さらに，電圧ゲイン A_v が $G_m R_L$ と等しいことを用い，G_m を A_v/R_L で置き換えた。

式 (3.43) の各辺を引き算して整理すると

$$\frac{\tau}{A_v - 1}\frac{d\Delta V}{dt} = \Delta V \tag{3.44}$$

を得る。ここで $\Delta V = V_x - V_y$ とした。この微分方程式を解くと

$$\Delta V = \Delta V_0 \exp\frac{(A_v - 1)t}{\tau} \tag{3.45}$$

を得る。ここで，ΔV_0 はラッチ動作開始時の V_x と V_y の差である。したがって，ラッチの速さの指標となる τ_{latch} は

$$\begin{aligned}\tau_{\text{latch}} &= \frac{\tau}{A_v - 1} \\ &\simeq \frac{R_L C_L}{A_v} = \frac{C_L}{G_m}\end{aligned} \tag{3.46}$$

と書ける。式 (3.45) を用いれば，微小な入力電圧差 ΔV_0 をデジタル値 ΔV_{logic} まで増幅するのに要する時間 T_{latch} は

$$T_{\text{latch}} = \frac{C_L}{G_m}\ln\frac{\Delta V_{\text{logic}}}{\Delta V_0} \tag{3.47}$$

と書ける。この式からわかるとおり，入力初期値 ΔV_0 が小さいと，デジタル値まで増幅するために必要な時間が長くなる。これが極端な場合は，サンプリン

グ周期の間でコンパレータ出力が確定しない状況になる。この現象はメタスタビリティ（準安定性）と呼ばれる。プリアンプで入力を増幅することは，メタスタビリティが起きることを抑止し，高速化に役立つことを意味する。一方で，ΔV_0 が十分大きくても，雑音のためにそれが小さくなり，メタスタビリティを引き起こす可能性もある。G_m/C_L はインバータのユニティゲイン周波数に相当する。式 (3.40) と比較すれば，多段コンパレータの動作速度より速くなることを示している。

4 D/A 変換器

　この章では，まず D/A 変換器（DAC）の基本的な構成と機能を説明する。引き続き，D/A 変換器の性能を記述するために用いる諸パラメタについて説明した後に，抵抗ラダー D/A 変換器（R-DAC），容量 D/A 変換器（C-DAC），電流切替型 D/A 変換器（I-DAC）の動作原理と特徴を順に説明する。抵抗ラダー D/A 変換器で述べる手法は他の D/A 変換器や A/D 変換器にも共通する手法を含むため，少し詳しく説明する。

4.1　基本動作

　D/A 変換器は，入力されたデジタル値[†]を対応するアナログ値に変換して出力する。N ビットのデジタル入力 D_{in} をアナログ出力電圧 V_{out} に変換する D/A 変換器のモデルを図 4.1 に示す。V_{clk} および V_{ref} は，それぞれクロック信号および参照電圧である。通常，入力デジタル値には 2 進バイナリ符号を用いる。それを $D_1 D_2 \cdots D_N$ としたときの出力電圧 V_{DAC} は

図 4.1　D/A 変換器のモデル

[†] デジタル入力は入力コードとも呼ばれる。

4. D/A 変換器

$$V_{\mathrm{DAC}} = V_{\mathrm{ref}} \left(D_1 2^{-1} + D_2 2^{-2} + \cdots + D_N 2^{-N} \right) \tag{4.1}$$

と表すことができる。D_1 と D_N は入力デジタル値の最上位ビット（MSB）および最下位ビット（LSB）である。この式によれば，デジタル入力が $[000\cdots 0]$ から $[111\cdots 1]$ に変化するとき，出力電圧は $0\,\mathrm{V}$ から $V_{\mathrm{ref}}(1-2^{-N})$ まで変化する。1 LSB に相当する電圧 V_{LSB} は

$$V_{\mathrm{LSB}} = \frac{V_{\mathrm{ref}}}{2^N} \tag{4.2}$$

である。これを V_{ref} で規格化した値，すなわち

$$1\,\mathrm{LSB} = \frac{1}{2^N} \tag{4.3}$$

を 1 LSB と呼ぶ。

図 4.2 に，理想的な特性を有する 3 ビット D/A 変換器の入出力特性を示す。V_{ref} は 1 とした。図 4.3 に，クロックと出力電圧の波形を示す。クロック信号のポジティブエッジ（立ち上がり）で出力値が更新されることを想定している。図 4.1 のように，低周波成分のみを通す**再構成フィルタ**（reconstruction filter）を D/A 変換器と組み合わせて用い，ステップ状に変化する V_{DAC} からスムーズなアナログ信号 V_{out} を得る。

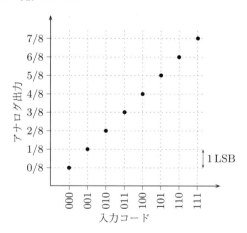

図 4.2　理想 D/A 変換器の入出力特性

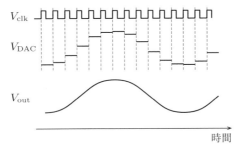

図 4.3 D/A 変換器の出力波形

　実際の D/A 変換器で得られる典型的な出力波形の例を図 4.4 に示す。デジタル入力が変わるとき，D/A 変換器内部のデジタル回路の状態変化に対応して，式 (4.1) で表される最終値とは異なる値が一時的に V_{DAC} から出力される可能性がある。例えば入力が 0111 から 1000 に変化するとき，MSB の変化が他のビットよりわずかに早いと，入力が一時的に 1111 となり最大値が出力される。また，逆にわずかに遅いと，入力が 0000 となり，最小値が出力される[†]。このようにデジタル入力が変化するとき，出力に発生するスパイク状の変化をグリッ

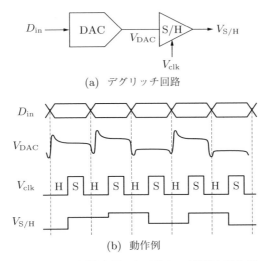

図 4.4 S/H 回路を用いたデグリッチ回路と動作例

[†] タイミングを合わせるための工夫は 4.5 節で述べる。

96   4. D/A 変換器

チと呼ぶ．

　図 4.1 に示した再構成フィルタを利用しても，グリッチを完全に除去することは難しい．対策としては，図 4.4 (a) に示すような S/H 回路を D/A 変換器の後段に配置することが効果的である．入力データが変化した後に十分に長い時間が経過し，V_{DAC} が式 (4.1) で決まる値に落ち着いたときに V_{DAC} をサンプリングする．グリッチが発生する可能性のある期間の直前に，S/H 回路をホールドモードに切り替えグリッチが出力されることを防ぐ．このようにしてグリッチを除去することをデグリッチと呼ぶ．

4.2　性　能　指　標

　理想 D/A 変換器の入出力特性を図 4.2 に示したが，実際の D/A 変換器では，回路を構成する素子特性のばらつきや寄生素子の影響などにより，実際のアナログ出力値が式 (4.1) で決まる値とは異なる場合が多い．本節では，実際の D/A 変換器の特性を表す性能指標として，スタティックな指標とダイナミックな指標について説明する．前者は，D/A 変換器の過渡的な応答が無視可能な程度に十分に遅く変化する入力信号を想定し，入力が変化してから十分に時間が経過したあとのアナログ出力との関係を表す．これに対して，動作周波数が高いと素子や配線に寄生する抵抗や容量などの影響が大きいため，スタティックな特性とは異なり，また，理想特性との差も大きくなる場合が多い．後者は，その効果を反映した性能指標である．近年，通信や計測分野などで，高い周波数領域で動作する D/A 変換器が利用されるようになり，ダイナミック性能指標の重要性が高まっている．

4.2.1　スタティック性能

　図 4.2 では入力の増加に対して出力が直線的に増加したが，実際には直線からずれる場合が多く，このような誤差を非線形誤差と呼ぶ．それを表す指標の一つが，**図 4.5 に示す微分非線形性**（differential non-linearity, **DNL**）であ

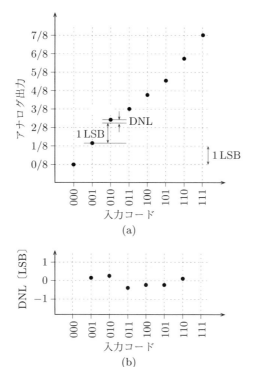

図 4.5 D/A 変換器の微分非線形性(DNL)

る。簡単化のため,ここでは $V_{\text{ref}} = 1$ とした。理想 D/A 変換器では入力コードが 1 LSB 分だけ変化したときの V_{DAC} の変化は,式 (4.2) で決まる V_{LSB} である。i 番目の入力コードに対応する DNL_i は実際のステップ高さと V_{LSB} との差

$$\text{DNL}_i = V_{\text{DAC},i} - V_{\text{DAC},i-1} - V_{\text{LSB}} \tag{4.4}$$

で定義される。ここで,$V_{\text{DAC},i}$ は i 番目の入力コードに対する出力値を表す。

DNL は LSB 単位で表す場合が多く,その例を図 4.5 (b) で示す。ここで,始点と終点では理想値が出力されると仮定している[†]。

非線形性を記述する別の指標として**積分非線形性**(integral non-linearity,

[†] 以下で述べるオフセット誤差,ゲイン誤差は補正されていることを仮定している。

INL）がある。図 4.6 に示すように，各入力コードに対応する理想出力値からの変化量で表される。i 番目の入力コードでの INL を INL_i とすると

$$\mathrm{INL}_i = \sum_{k=0}^{i} \mathrm{DNL}_k \tag{4.5}$$

が成り立つ。

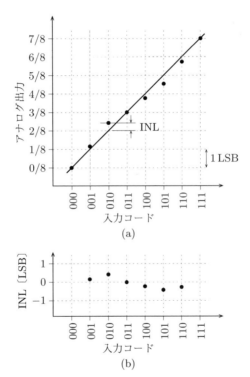

図 4.6　D/A 変換器の積分非線形性（INL）

その他の D/A 変換器の性能指標として，ゲイン誤差とオフセット誤差が知られている。図 4.7 にその例を示す。ここでは，簡単化のため始点と終点を結ぶ線でゲインを表した。しかし，始点や終点付近では中間領域と比較して誤差が大きくなる傾向がある。また，実際の D/A 変換器の利用状態を考えると，両端領域より中間領域での使用頻度が高いと予想される。そこで，実際の動作状

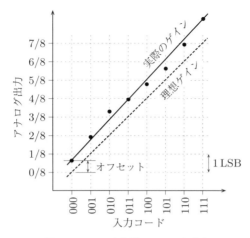

図 4.7 D/A 変換器のゲイン誤差と
オフセット誤差

態に近い形で性能を評価する目的で，中間領域を対象として，最小2乗法でゲイン直線を定めることも考えられる。これを使ってゲイン補正をすると，INLも小さくなる。

4.2.2 ダイナミック性能

D/A 変換器のダイナミック（動的）な性能指標として代表的なものが，**図 4.8**に示す**スプリアスフリーダイナミックレンジ**（spurious-free dynamic range, **SFDR**）である。この図は出力信号を周波数領域で表したもので，D/A 変換器の非線形性があると出力信号が歪み，入力周波数 f_{in} 以外に複数の周波数でピークが出現する。SFDR は，信号以外で最大のピークと信号ピークとの差で定義される。非線形性は入力周波数に依存する。SFDR について議論するときには，入力周波数，サンプリング周波数を明示する必要がある。

また，図 4.8 の −90 dB 付近のランダムな周波数成分は，量子化に起因する雑音成分である。そのパワーと信号パワーの比から，信号対雑音比（SNR）を求めることができる。また，高調波成分と量子化雑音を合わせたものと信号成分との比を表したものは，**信号対歪雑音比**（signal-to-noise-and-distortion ratio,

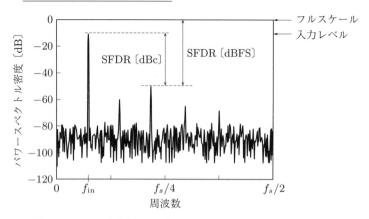

図 4.8 D/A 変換器のスプリアスフリーダイナミックレンジ（SFDR）。f_in, f_s はそれぞれ入力周波数とサンプリング周波数。

SNDR）と呼ばれる．これらは，通常のアナログ回路で用いられる性能指標と同じである．さらに，2.2 節で述べたように，SNR から有効ビット数（ENOB）を算出できる．回路構成で決まる名目上のビット数は分解能の原理的な上限を決める．それに対して，さまざまな非理想的な要素を含む実際の回路で測定される ENOB はそれより小さいことが多い．特に，入力周波数やサンプリング周波数が高くなると，これらのダイナミックな性能指標はしだいに減少する傾向がある．特に低周波数における SNR から 3 dB 低下したときの入力周波数はバンド帯域周波数と呼ばれる．

4.3 抵抗ラダー D/A 変換器

抵抗を用いた D/A 変換器には電圧分圧型と電流加算型の二つが知られている．これらについて順に説明する．

4.3.1 電圧分圧型

等しい抵抗値を持つ M 個の抵抗を直列に接続し，両端に電位差 V_ref を与えれば，それを M 等分した電圧値が抵抗を接続した各ノードに発生する．した

がって，それらのノードの中から，デジタル入力に対応する一つのノードを選び出力端子と接続すれば，所望のアナログ電圧値が得られる．このような D/A 変換器を図 **4.9** に示す．この図は 3 ビット構成の例を示す．直列に接続された抵抗列は抵抗ラダーとも呼ばれる．

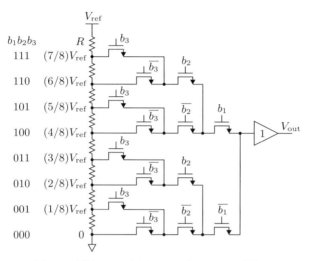

図 **4.9** 抵抗ラダーを用いた 3 ビット D/A 変換器

3 ビット入力を $b_1 b_2 b_3$ とすると，アナログ出力 V_{out} は

$$V_{\text{out}}(t) = V_{\text{ref}}(b_1 2^{-1} + b_2 2^{-2} + b_3 2^{-3}) \tag{4.6}$$

と書ける．例えば入力が [101] であれば，ゲート電圧が $b_1, \overline{b_2}, b_3$ の MOSFET が ON 状態となり，$(5/8)V_{\text{ref}}$ が出力として得られる．図中の出力バッファは，抵抗ラダーに流れる電流が出力端子に流れ込むことを防ぐために使われる．もし，出力に電流が流れ出るようなことがあるとすると，この図で示した抵抗ラダーにおいて，出力とつながれた節点より上にある抵抗に流れる電流が，下にある抵抗に流れる電流より大きくなり，参照電圧を等分できなくなる．

V_{ref} に近いノードからグランドに向かい，各ノードの電圧は徐々に減少するため，出力値の大小関係が逆転することはない．このことは，単調性が保証さ

れていると呼ばれ，このタイプの D/A 変換器の大きな特徴である．一方，抵抗値にばらつきがあると，単調性は確保されるが精度は劣化する．このような抵抗値のミスマッチは製造技術で決まり，通常は 10 ビット程度までとされている．レーザトリミング技術を用いて，製造後の抵抗値を測定しながら抵抗の寸法を修正（トリミング）し，マッチングを改善することで，高分解能 D/A 変換器を実現する方法が知られている．しかし，トリミングのためのコストと時間が余分に必要になる．また，D/A 変換器を標準の CMOS 工程で製造するときには，後に述べる電子的な校正手法が使われている．

この D/A 変換器の欠点は，動作速度が遅いことである．ON 状態の MOSFET の組み合わせが確定し，抵抗ラダーから選択されたノード電圧が出力端子まで到達するために必要な時間を考えてみよう．抵抗ラダーの接点と出力をつなぐ配線は，MOSFET の ON 抵抗および MOSFET の寄生容量で構成された CR 回路と考えることができる．一般的には，図 4.10 に示すように，N 組の抵抗と容量からなる CR 回路でモデル化できる．この例では $N = 3$ である．その信号遅延時間 τ は

$$\tau \approx RC \left(\frac{N^2}{2}\right) \tag{4.7}$$

と表せる†．ここで，R は MOSFET の ON 抵抗，C は MOSFET の寄生容量で，おもにソース/ドレインと基板間の接合容量を意味する．N は D/A 変換器のビット数に等しい．この式は，必要なビット分解能が増加すると，遅延時間

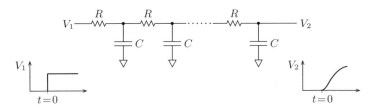

図 4.10　抵抗容量回路における信号遅延

---

† Zero-value time-constant 解析と呼ばれている手法[16]を用いて導出できる．

が指数関数的に増加することを表している．これは，高分解能化に伴い，動作速度が極端に遅くなってしまうことを意味する．一方，抵抗ラダーに使用する抵抗の数も指数関数的に増加することを注意しておきたい．

抵抗ラダーと出力端子をつなぐ MOSFET による遅延時間の増加を抑えるには，図 4.11 に示すように，デコーダを用いて MOSFET スイッチを一つだけにすることが考えられる．ON 状態の MOSFET スイッチの出力側には OFF 状態の MOSFET スイッチの接合容量が接続されているため，それらの容量の充放電による速度低下を考慮に入れる必要はあるが，図 4.9 の方式と比較してある程度の高速化が期待できる．

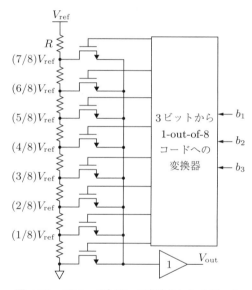

図 4.11 デコーダを用いて高速化した 3 ビット抵抗ラダー D/A 変換器

必要な抵抗の数が高分解能化に伴い指数関数的に増加することを抑えるためには，図 4.12 に示す 2 ステップ構成が有効である．この例では，上位 3 ビットを初段で，下位 3 ビットを 2 段目で処理し，全体として 6 ビットの分解能を実現できる．この図で示すとおり，例えば入力を 101011 とすると，初段のノー

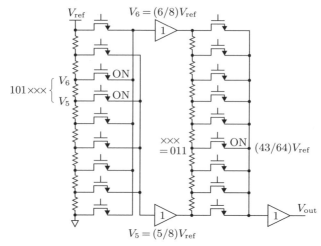

図 4.12 6 ビット 2 ステップ抵抗ラダー D/A 変換器。デジタル入力 101011 のときの動作例。

ド V_5 と V_6 が選択され，それらが 2 段目の参照電圧として利用される．図 4.9 と比較して，抵抗の数は $1/4\ (=2\times 2^3/2^6)$ になっている．初段と 2 段目をつなぐユニティゲインバッファが理想的に動作すれば単調性が保証されるが，例えば入力電圧によりゲイン変化があると単調性は保証されなくなるため，注意が必要である．

もう一度図 4.9 に戻り，スイッチタイミングがずれるとグリッチが発生することを説明する．入力が 100 から 011 に変化するときの様子を**図 4.13** に示す．図 (a) に示すように，b_1 が b_2 および b_3 より δt だけ早いときは，出力が $100 \to 000 \to 011$ と変化し，中間状態として 000 が一時的に出力される．逆に b_1 が b_2 および b_3 より δt だけ遅いときは，中間状態として 111 が一時的に出力される．これを防ぐためには，4.1 節で述べたように，出力に S/H を用いることが考えられる．

4.3 抵抗ラダー D/A 変換器

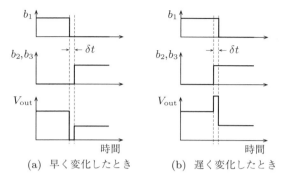

(a) 早く変化したとき　　(b) 遅く変化したとき

図 4.13 D/A 変換器におけるグリッチ発生。b_1 が b_2 および b_3 より δt だけ早く変化したときと遅く変化したとき。

4.3.2 電流加算型

電流は結線による加算が可能なため，2で重み付けされた電流を用意し，その中から必要なものをデジタル入力により選択することで，**図 4.14** に示すような D/A 変換器を構成することができる。図は，4ビット入力 $b_1 b_2 b_3 b_4$ が 1001 のときのスイッチ配置を示している。このとき，フィードバック抵抗 R には，$V_{\text{ref}}/2R + V_{\text{ref}}/16R$ の電流が流れるため，V_{out} としては $(9/16)V_{\text{ref}}$ の電圧が得られことになる。もし，2で重み付けされた抵抗にミスマッチがあると，単調性は保証されないことに注意する。電流値が2で重み付けされているため，N ビット構成では，各スイッチを流れる電流に最大で 2^N の差がある。スイッチには MOSFET が使用されるが，MOSFET も電流レベルに応じて寸法を調節

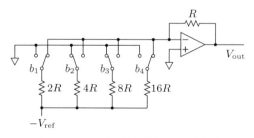

図 4.14 2の重み付け抵抗 D/A 変換器

(スケーリング) し，大きな電流が流れる MOSFET スイッチに対しても，電流増加に伴う電圧降下を無視可能なレベルに抑える必要がある．また，スイッチタイミングのずれで，グリッチが発生することは，前項でも説明したとおりである．

電圧分圧型でも述べたように，図 4.14 で高いビット分解能 N を実現しようとすると，必要な抵抗値の大きさが指数関数的に増大し，占有面積も増加する．その解決策として，減衰抵抗を追加し，指数関数的な増大を抑止した例を図 4.15 に示す．図中の $3R$ が減衰抵抗である．ただし，電流差は依然として大きいため，スイッチのスケーリングは必要である．

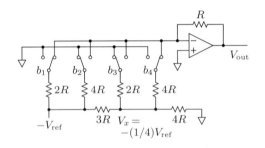

図 4.15　減衰抵抗を追加した 2 の重み付け抵抗 D/A 変換器

減衰抵抗の考え方をさらに進めたものが，図 4.16 に示す R-2R ラダーと呼ばれる回路である．V_0 から見たとき，それぞれの分岐点が同じ抵抗比を持つため，電流を 1/2 に分流できる．R-2R ラダーを用いた D/A 変換器を図 4.17 に示す．必要な抵抗値の変化幅はさらに小さくなったことがわかる．しかし，電流差は依然として大きいことに注意する．

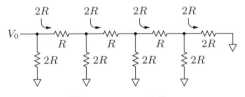

図 4.16　R-2R ラダー

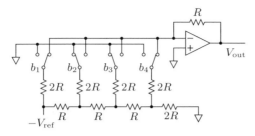

図 4.17　R-2R ラダーを用いた 2 の重み付け
抵抗 D/A 変換器

バイナリコードではなく温度計コードを用いた D/A 変換器を図 4.18 に示す。温度計コードは表 1.1 に示したように，信号の大きさを下位桁から順に並べた "1" の数で表す。バイナリコードと違い，温度計コードは情報の最小表現ではないが，単調性が保証されることや，グリッチが小さいことなどの特徴がある。使用する抵抗の数が増加し占有面積が増えるように思えるが，後に図 4.21 で容量の例を示すとおり，抵抗の場合も単位抵抗を組み合わせて全体を構成するため，それほど増えるわけではない。MOSFET スイッチを流れる電流レベルは同じなので，スケーリングの必要はないというメリットもある。

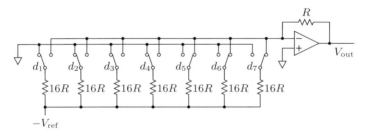

図 4.18　温度計コードを用いた 3 ビット D/A 変換器。
バイナリ入力が 011 のとき。

これらの特徴を加味して，上位ビットには温度計コードを，下位ビットにはバイナリコードを用いた抵抗 D/A 変換器が提案されている。セグメント化 D/A 変換器と呼ばれる。上位 2 ビット，下位 4 ビットで構成した 6 ビット D/A 変換器の例を図 4.19 に示す。下位 4 ビットには R-2R ラダーを用いて抵抗の増大を

108   4. D/A 変換器

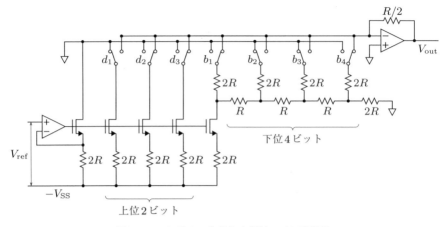

図 4.19 セグメント化した抵抗 D/A 変換器

抑えている。また，上位ビット用と，R-2R ラダー駆動用の電流として $V_{\mathrm{ref}}/(2R)$ を得るために，フィードバックループを用いている。

4.4 容量 D/A 変換器

抵抗の代わりに容量を用いた D/A 変換器も数多く検討されてきた。容量を用いると，電流はその充放電のために一時的に流れるだけで，定常的に流れることはない。したがって，低消費電力動作が可能なことから近年特に注目されている。ここでは，容量により参照電圧を分圧した D/A 変換器と，容量による電荷シェア（電荷共有）を用いた D/A 変換器，ハイブリッド型 D/A 変換器について説明する。このほかに，容量 2 個からなるシリアル型 D/A 変換器も提案されている[32]が，これについては 7.3.2 項で説明する。

4.4.1 電 圧 分 圧 型

容量による電圧分圧型 D/A 変換器を図 4.20 (a) に示す。この例では入力が 010011 であることを想定し，そのときのスイッチ配置を図に示している。この D/A 変換器を動作させるには，まず，すべてのスイッチをグランド側に倒し，

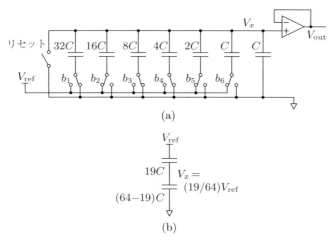

図 4.20 6 ビット電圧分圧型容量 DAC
（入力が 010011 のとき）と等価回路

さらにリセットスイッチを閉じて容量を放電する．つぎに，リセットスイッチを開き，入力デジタル値が "1" なら対応するスイッチを V_{ref} 側に，"0" ではそのままグランド側に接続する．2 で重み付けされた容量を "0" と "1" とでまとめたものを図 4.20 (b) に示す．容量で電圧が分圧された結果，010011 に相当する出力 $(19/64)V_{\text{ref}}$ が得られることがわかる．入力を別の値に変えるには，スイッチ操作をリセットから繰り返す．

D/A 変換器出力 V_{out} に付随する容量を D/A 変換器本体の容量配列から切り離し，2 の重み付けの精度を確保するために，ユニティゲインバッファが必要である．通常は，オペアンプは非反転入力端子を一定電圧に接続して使用するが，この方式では，グランドから V_{ref} まで変化する V_x が出力になる．すなわち，すべての入力領域で良好な線形性がユニティゲインバッファに要求される．一般に，入力がオペアンプの供給電圧に近くなると，この条件を満足することは難しい．

容量配列に用いるレイアウトを図 4.21 に示す．図 (a) のように電極面積を直接変化させると，周辺部分の影響[†]がそれぞれで異なるため，正確な整数比を実

[†] フリンジ容量やパターン転写誤差．

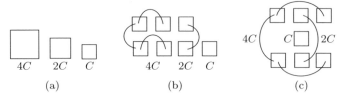

図 **4.21** 容量のレイアウト

現することができない。これに対して図 (b) のように単位容量を用いると，容量の絶対値には誤差があっても，それぞれの比を正確に保つことが比較的容易になる。さらに，図 (c) のように配置すると，容量電極間の絶縁膜厚などのプロセス条件の場所依存性を緩和することができる。このような配置テクニックは**共重心**（common centroid）**レイアウト**と呼ばれ，容量だけではなく抵抗やMOSFET の特性を揃える目的でアナログ回路のレイアウトでは多用される。

抵抗を用いた D/A 変換器と同様に，ビット分解能を高くすると，必要な容量値が指数関数的に増加する[†]。容量値増大を回避する目的で，図 **4.22** に示すような減衰容量を用いた容量 DAC[14)] が提案されている。減衰容量値 C_{atten} は

$$C_{\text{atten}} = \frac{\text{LSB 容量配列の合計}}{\text{MSB 容量配列の合計}} \times (\text{単位容量}) \tag{4.8}$$

で与えられる。これにより，減衰容量から先を出力側から見ると C となる。すなわち，実際の容量を小さくせずに，実効的に小さい容量が得られることにな

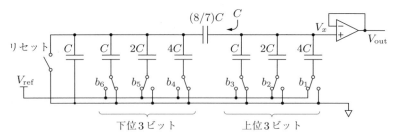

図 **4.22** 減衰容量を用いた 6 ビット容量 DAC（入力が 110010 のとき）

[†] 単位容量を小さくできればよいが，小さくすると特性ばらつきが大きくなり，さらに，3.1.6 項で述べた熱雑音も大きくなるため，実用的な容量値には下限が存在する。

る。しかし，この例でもわかるとおり，非整数の容量値が必要になるという問題点がある。

4.4.2 電荷シェア型

電荷シェア型 D/A 変換器の回路動作を**図 4.23** に示す。図 (a) はチャージモードで，容量の片側の端子はオペアンプの反転端子と接続され，仮想接地になっている。別の端子は，デジタル入力が "1" に対応する容量は V_{ref} と，"0" に対応する容量はグランドとそれぞれ接続される。容量部分だけをまとめると図 (b) のようになる。図 (c) は電荷シェアモードを示し，すべての容量が並列でフィードバック経路に挿入される。その結果，図 (d) に示すように，チャージモードで充電された電荷がすべての容量で共有（シェア）される。オペアンプ出力側には下部電極が接続されるが，寄生容量にもオペアンプから充電されるため問題ない。オペアンプの非反転端子をグランドに固定することで，入力同

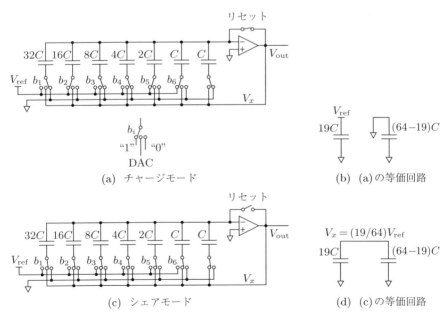

図 4.23　6 ビット電荷シェア型 D/A 変換器。入力コードは 010011 を想定している。

相電圧を固定できるため，前に述べた電圧分圧型と比較して，オペアンプに対する設計条件が大幅に緩和できることが特徴である．また，図 3.32 と同様に，チャージモードで容量列の下部電極をグランドにすることで，オペアンプのオフセットを相殺できる．

4.4.3 ハイブリッド型

容量を用いた D/A 変換器と抵抗を用いた D/A 変換器を組み合わせたハイブリッド型 D/A 変換器の例を図 4.24 に示す．上位 3 ビットの値により，スイッチユニットで下位 6 ビットに用いる参照電圧を切り替える．

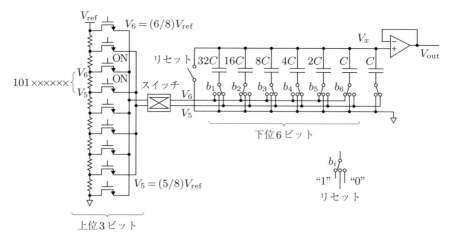

図 4.24 容量抵抗ハイブリッド型 9 ビット D/A 変換器

容量 DAC では，それぞれの出力の前にリセット動作が必要であり，さらに容量の充放電のための時間が必要である．そのため，抵抗 D/A 変換器と比較して低消費電力化には適しているが，高速化にはあまり向いていないといえる．

4.5 電流切替型 D/A 変換器

図 4.14 に示した電流加算型 D/A 変換器の抵抗を電流源で置き換えたものは，電流切替型 D/A 変換器と呼ばれている．容量 DAC と比較して高速動作が可能なため，近年特に高速通信/計測用として注目されている．**図 4.25** に 4 ビット電流切替型 D/A 変換器の例を示す．下図の破線内は，電流源に用いる要素電流源である．カスコード接続を用いて，高い出力インピーダンスを得ている．V_{b1} と V_{b2} はカスコードトランジスタへのバイアス電圧である．4.3 節で説明したように，スイッチタイミングがずれるとグリッチが発生する．この回路では，D フリップフロップを用いて切り替えのタイミングを合わせ，グリッチ発生を抑止している．正確な電流比を得るためには，図 4.21 で述べた容量のレイアウ

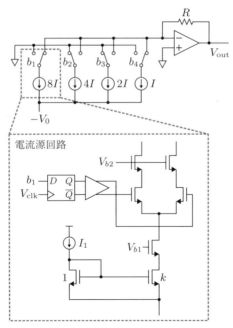

図 4.25 4 ビット電流切替型 D/A 変換器と電流源回路

トと同様の工夫が必要である．また，図4.18で示したように，同じ電流源を温度計コードで制御する方式も可能である．

電流切替型D/A変換器における非線形性を改善させるための手法として，**図4.26**に示すような**動的要素マッチング**（dynamic element matching，**DEM**）[33] が知られている．この図は，温度計コードを入力とする2ビットD/A変換器の例を示している．電流源の電流値はすべて等しい．例えば入力がバイナリコードで10のとき，d_1, d_2, d_3 の中の二つを反転入力端子に，残りの一つをグランドに接続する．このとき，つねに同じ電流源を選択すると，使用する電流源のミスマッチに起因する特定のパターンが出力に発生し，高調波歪発生の原因となる．一定のアルゴリズムで，二つの電流源を無作為的に選択することで，高調波の発生を抑止できる．ただし，この手法は高調波成分を他の周波数成分に分散させることになるため，ノイズフロアは逆に上昇することに注意する．

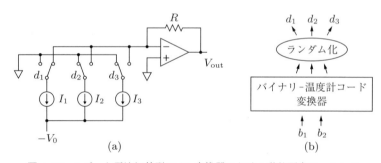

図4.26 2ビット電流切替型D/A変換器における動的要素マッチング

電流源のマッチングを改善するため，**図4.27**に示す校正法[34] も提案されている．図のスイッチ状態は校正モードを示している．ダイオード接続されたM_1に参照電流I_{ref}を流すことで，C_{gs}を充電する．スイッチを逆に切り替えた状態が動作モードで，C_{gs}に蓄積された電荷によりM_1のゲート電圧が決まり，I_{ref}に近い電流を外部から引き込むことができる．校正範囲は狭くてよいため，元の電流源の値の大部分はI_0として流し，M_1では微調整を行う．図4.25で示したD/A変換器にこれを適用するには，必要な数の要素電流源のほかに，

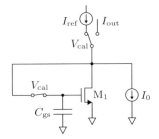

図 4.27 電流源校正方法

同じ要素電流源を一つ追加する．これらの中の一つを校正モード，残りを動作モードとし，D/A 変換器動作中に，これを順次使い回すことで，要素電流源のマッチングを改善する．各電流源の値が正確に I_{ref} である必要はなく，すべての電流源の電流がそれに近い値で一致していることが重要である．

さらに高度な電流源校正方法[35]を，3 ビット D/A 変換器を例にして図 4.28 に示す．各電流源からの電流値をあらかじめ測定しておき，図 (b) のように大きさの順に並べて組み合わせる．ここでは I_3 が最も平均値に近いと想定し，そ

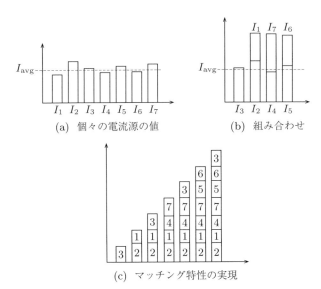

図 4.28 電流源の組み合わせによるマッチング改善

れは単独で使用する。3ビット動作に必要な8階調を得るためには，図(c)に示すように，それぞれの電流源を組み合わせて使用する。このような組み合わせにより，単純に，I_1から順番に使う場合と比較して，線形性を改善できる。

　これらの構成法では，ある程度の規模のデジタル回路が必要であり，CMOSデジタル回路技術の進展により初めて可能になったことは注目してよい。今後さらに集積化が進めば，より高度なデジタル処理を伴った高性能D/A変換器を実現できる可能性も高い。

5 ナイキスト型 A/D 変換器

　A/D 変換器には，信号帯域の 2 倍程度のサンプリングレートで動作するナイキスト型と，ナイキストレートの数倍以上のサンプリングレートで動作するオーバーサンプリング型がある．この章では，前者について説明する．後者については，6 章で述べる．

　1.3 節でも述べたように，A/D 変換器の応用範囲は広く，要求仕様も多岐にわたる．そのため，多くの変換方式が提案され，それぞれの用途に応じて，最も適した方式の A/D 変換器が採用されてきた．分解能と動作速度で分類したおもな A/D 変換方式と，それを説明する箇所を**表 5.1** に示す．また，これらがカバーしている動作速度と分解能の領域を**図 5.1** に示す[†]．この章では，まず A/D 変換器の性能指標について述べ，つぎに，各方式に基づく A/D 変換器の構成と特徴，具体的な回路実装方法について説明する．

表 5.1　おもな A/D 変換器アーキテクチャ

低/中速・高分解能	積分型（5.7.1 項） $\Delta\Sigma$ 型（6 章）
中速・中分解能	逐次近似（SAR）（5.4 節） アルゴリズミック（5.5 節）
高速・低/中分解能	フラッシュ（5.2 節） フォールディング・インターポレーション（5.3 節） 2 ステップ（5.5 節） パイプライン（5.6 節） タイムインターリーブ（5.8 節）

[†] これは現在の半導体技術で実現できる領域の目安で，将来の技術進展により境界は変わりうる．

5. ナイキスト型 A/D 変換器

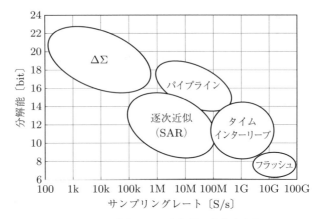

図 5.1　おもな A/D 変換器の動作速度と分解能

5.1 性能指標

A/D 変換器の性能指標は，4.2 節で説明した D/A 変換器のそれと共通する点が多い。違いは，入力がアナログ，出力がデジタルと D/A 変換器の逆になっていることである。ここでは，D/A 変換器とは異なる点に関しておもに説明する。ダイナミック性能に関しては D/A 変換器とほぼ同じなので 4.2 節を参照してほしい。

3 ビット A/D 変換器の入出力特性と量子化誤差を**図 5.2** に示す（図 1.5 の再掲）。D/A 変換器と異なり，入力がアナログ値，出力がデジタル値のため階段状の特性となる。量子化誤差 V_Q は，アナログ入力 V_{in} と 2 進表記したデジタル出力 $V_{\text{DAC,binary}}$ との差

$$V_Q = V_{\text{DAC,binary}} - V_{\text{in}} \tag{5.1}$$

で定義される。ここで

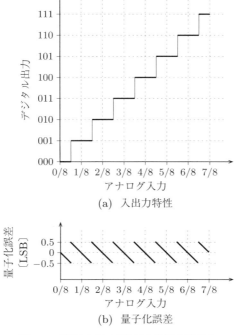

図 5.2 理想 A/D 変換器の入出力特性と量子化誤差

$$V_{\text{DAC,binary}} = V_{\text{ref}} \left(D_1 2^{-1} + D_2 2^{-2} + \cdots + D_N 2^{-N} \right) \tag{5.2}$$

である。簡単化のため，図 5.2 では参照電圧 V_{ref} は 1 とした。

　実際の回路では，素子特性にばらつきがあるため，デジタル出力が変化するときのアナログ入力値が理想的な場合と比較してわずかにずれ，図 **5.3** (a) に示すように，ステップ幅が理想的なステップ幅である 1 LSB から変化する。この変化量のことを A/D 変換器における**微分非線形性**（differential nonlinearity, **DNL**）と呼ぶ。図 5.3 (b) に示すように，DNL は通常 LSB を単位として表す。ステップ幅が 1 LSB からずれると，図 **5.4** (a) に示すように，

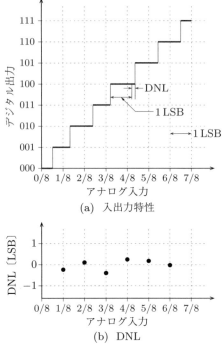

図 5.3 実際の A/D 変換器の入出力特性と
微分非線形性（DNL）

ステップの中点も理想的な値からずれることになる。このずれ量を**積分非線形性**（integral non-linearity，**INL**）と呼び，DNL と同様に 1 LSB を単位として表す。

A/D 変換器におけるゲイン誤差およびオフセット誤差を図 5.5 に示す。図 4.7 で示した D/A 変換器のそれらに相当する。DNL や INL が大きくなると，図 5.6 に示すように，ある特定のコード，ここでは 101 が出力されないことがありうる。これを**ミッシングコード**（missing code）と呼ぶ。

5.1 性能指標　121

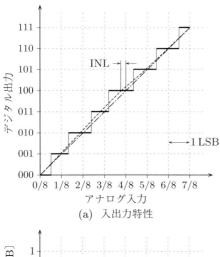

図 5.4　実際の A/D 変換器の入出力特性と積分非線形性 (INL)。図 (a) で破線は各ステップの中点を結ぶ線，一点鎖線は始点と終点を結ぶ線である。

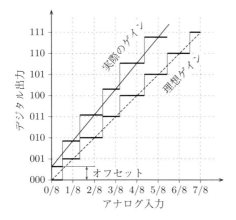

図 5.5　A/D 変換器におけるゲイン誤差とオフセット誤差

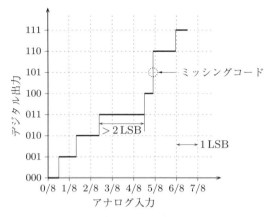

図 5.6 A/D 変換器におけるミッシングコード

5.2　フラッシュ型

　本節からは，表 5.1 で示した A/D 変換器について順に説明する．まず，最も基本的な A/D 変換器であるフラッシュ型 A/D 変換器を取り上げる．例として，3 ビットフラッシュ型 A/D 変換器のブロック図を**図 5.7** に示す．フラッシュ型 A/D 変換器は，参照電圧 V_{ref} を抵抗分圧する抵抗ラダー，および，分圧された各電圧とアナログ入力電圧 V_{in} の大小を比較するコンパレータ，コンパレータが生成した温度計コード d_k をバイナリコード b_i に変換するエンコーダから構成される．ここで，$k = 1, 2, \cdots, 7$，$i = 1, 2, 3$ である．抵抗ラダーで分圧された電圧は，小さい順に $V_{\text{ref}}/16, 3V_{\text{ref}}/16, 5V_{\text{ref}}/16, \cdots, 13V_{\text{ref}}/16$ であり，これを境界として 8 分割された区間の中のどこに入力 V_{in} が属するかを決定し，その結果を図 5.2 (a) で示したデジタルコードとして出力する．

　コンパレータとしては，3.2 節で述べたラッチ付きコンパレータを用い，クロック信号 V_{clk} を用いて一斉に比較動作を行う．各コンパレータにクロック信号が同時に分配されると仮定すれば，比較が同時に行われることになる．すなわち，フラッシュ型 A/D 変換器では S/H 回路を必要としない．しかし，クロッ

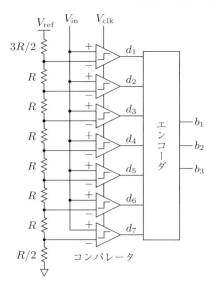

図 5.7 フラッシュ型 A/D 変換器の
ブロック図

ク信号や入力信号がコンパレータに伝わるためには時間を要し，その時間がコンパレータごとに異なると比較タイミングがずれ，歪が発生したり，以下で述べるバブルエラーの原因となる．そのため，他の A/D 変換器と同様に，入力とコンパレータの間に S/H 回路を挿入することも多い．

N ビットの分解能を実現するには，$2^N - 1$ 個の閾値を準備し，それらと入力値との大小関係を比較する必要がある．コンパレータも $2^N - 1$ 個だけ必要になる[†1]．すなわち，必要とするビット分解能が高くなると，必要なコンパレータの数は指数関数的に増加する．それに伴い，Si チップ上の専有面積および消費電力も指数関数的に増加する．そのため，フラッシュ型 A/D 変換器の実質的な分解能の上限は 8 ビット程度である．一方，多数のコンパレータを並列で用いている[†2]ため，A/D 変換に要する時間があらゆる変換方式の中で最も短く，10 GHz を超える高速信号の変換が可能である．

[†1] もしオーバーフロー検出も必要なら，一つ多い 2^N 個となる．
[†2] このため，並列比較型 A/D 変換器と呼ばれることもある．

エンコーダ回路の例を図 5.8 (a) に示す．ここでは，図 5.7 に示した 3 ビットフラッシュ型 A/D 変換器で入力が $3/16 < V_{in} < 5/16$ であると仮定した．このとき，コンパレータの出力のうち d_1 から d_5 まではいずれも 0，d_6 と d_7 が 1 となるため，0 と 1 の境界である d_5 から d_7 に相当する部分だけを描いた．コンパレータ出力が 1 から 0 に変化する部分だけで NOR 回路の出力が 1 となり，NOR 型 ROM† により下位 2 ビットである 10 が読み出される．このように

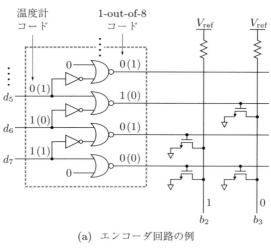

(a) エンコーダ回路の例

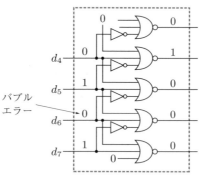

(b) バブル耐性を持たせた例

図 5.8　フラッシュ型 A/D 変換器のエンコーダ回路の例とバブル耐性を持たせた例

---

† 読み出し専用メモリ（read only memory）．

1-out-of-8 コード生成回路と ROM を用いることで，デコーダを構成できる。

すでに述べたとおり，コンパレータの出力 $d_1, d_2, \cdots, d_7$ は温度計コードであるが，抵抗分圧された比較基準値と入力値が近いコンパレータでは判定誤りが起こる。その原因としては，クロック信号配給の時間差や，コンパレータのメタスタビリティ，コンパレータのオフセットのミスマッチなどが考えられている。特に高速動作では判定を誤り，正しい温度計コードが出力されない可能性が高くなる。例えば，図 5.8 (a) 中の括弧で示したように，d_5 と d_6 の 0 と 1 が入れ替わることもありうる。このように，本来 1 が続くはずの部分に 0 が誤って出力されることを，バブル（泡）エラーが発生したという。バブルエラーが発生すると，1-out-of-8 コード生成回路の出力の中に複数個の 1 が発生し，正しいコードを ROM から読み出すことができなくなる。図 5.8 (b) に，それを防ぐためのエンコーダ回路の例を示す。もし上述のようなバブルエラーが発生し，1-out-of-8 コードで 1 の位置が変化しても，ROM の読み出し動作が破綻することを防ぐことができる。

図 5.8 (b) に示したデコーダでは，1 か所だけを 0 と誤った単純なバブルエラーには対応できるが，それより複雑なパターンのバブルエラーを修正することはできない。それを可能にした例を**図 5.9** に示す。これは**ワラスツリー**（Wallace tree）を用いたエンコーダと呼ばれ，図 5.9 (a) に示す全加算器を図 5.9 (b) に示すようにツリー状に配置したものである。このエンコーダは，コンパレータから出力された 1 の総数を数え，その数だけ下位から 1 を順に並べた温度計コードに相当するバイナリコードを出力する。この図で例示したように，たとえ 2 か所に 0 があるバブルエラーが発生したとしても，妥当な 4 ビット出力が得られる。3 ビットワラスツリーの動作例を**図 5.10** に示す。D_1 から D_4 で示したいずれのパターンのバブルエラーに対しても，破線を境界とする温度計コードに相当するバイナリ出力が得られる。1 の総数がいずれも 4 個であるためである。ワラスツリーを用いると回路規模は大きくなるが，これらはすべてデジタル回路であり，最先端の微細化プロセスを使えば専有面積や消費電力の増加はそれほど問題にならない。このため，近年，フラッシュ型 A/D 変換器ではよ

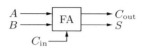

(a) 全加算器

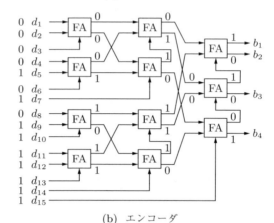

(b) エンコーダ

図 5.9 全加算器とワラスツリーを用いたエンコーダ

	D_1	D_2	D_3	D_4
d_1	0	0	0	0
d_2	0	0	1	0
d_3	0	0	0	1
d_4	1	1	0	1
d_5	0	1	0	0
d_6	1	1	1	0
d_7	1	0	1	1
d_8	1	1	1	1

図 5.10 ワラスツリーの動作例

く利用されている。

以上に述べたように,フラッシュ型 A/D 変換器には,ビット分解能の実質的な上限が 8 ビット程度という制約があるが,他の A/D 変換器と比較して最も高速で動作するという特徴がある。しかも,入力信号をサンプリングしてからデジタルコードを出力するまでの時間差(レイテンシ)が短い。このため,高

速性能が最も優先される用途，例えば超高速光ファイバ通信や高速イーサネットの受信機で利用されるほか，超高速デジタルオシロスコープなどの超高速計測分野で広く利用されている。また，従来からハードディスクの読み取り回路にも利用されてきた。5.8 節で述べるように，最近，タイムインターリーブ方式を用いた高速化技術が進み，将来的には，一部の応用分野でそれに置き換わる可能性がある。しかし，最高速領域でのフラッシュ型 A/D 変換器の優位性は今後も続くと考えられる。さらに，他の方式の A/D 変換器に内蔵されたサブ A/D 変換器として広く利用されていることも指摘しておきたい。

フラッシュ型 A/D 変換器に関連する論文[36],[37] を巻末リストに挙げたので，興味ある読者は参照されたい。

5.3 フォールディング・インターポレーション型

前節で説明したフラッシュ型 A/D 変換器は，N ビットの分解能を実現するために 2^{N-1} 個のコンパレータを必要としていた。高速変換特性を維持したままでコンパレータ数の削減が可能な方式を，以下で説明する。フラッシュ型 A/D 変換器では，必要な判定に関与しているのは，閾値と入力電圧が接近している少数のコンパレータであり，他の多数のコンパレータが有効に機能していない。すなわち，コンパレータを有効利用することが可能なはずである。**表 5.2** に 10 進数とバイナリコードの関係を示す。下位 2 ビットは同じパターンを繰り返していることがわかる。そこで，この規則性を用いて，A/D 変換を上位ビットと下位ビットに分けて行えば，冗長なコンパレータを除去できるはずである。この例では，上位ビット用と下位ビット用のそれぞれに 2 ビットフラッシュ型 A/D 変換器を使えば十分なので，必要なコンパレータ数は $3+3=6$ 個となる。4 ビットを普通のフラッシュ型で作るとすれば，$2^4-1=15$ 個が必要なので，大幅な削減が可能であることがわかる。

このような 6 ビットフォールディング型 A/D 変換器の概念をブロック図と

5. ナイキスト型 A/D 変換器

表 5.2　10 進数の 4 ビット符号化

10 進数	上位 2 ビット	下位 2 ビット	下位 2 ビット[*1]	下位 2 ビット[*2]
0	00	00	00	00
1	00	01	01	01
2	00	10	10	11
3	00	11	11	10
4	01	00	11	00
5	01	01	10	01
6	01	10	01	11
7	01	11	00	10
8	10	00	00	00
9	10	01	01	01
10	10	10	10	11
11	10	11	11	10
12	11	00	11	00
13	11	01	10	01
14	11	10	01	11
15	11	11	00	10

[*1] フォールディング回路を利用したとき
[*2] サイクリック温度計コード

して図 **5.11** (a) に示す．フォールディング回路は図 (b) の特性を持ち，表 5.2 の下位ビットの繰り返し特性が得られるようにした．実際には，回路実装が容易な図 (c) の特性を利用する．6 ビットフォールディング型 A/D 変換器の入出力特性を図 **5.12** に示す．例えば入力が $(21/64 <) \; 43/128 \; (< 22/64)$ のときは，上位 3 ビットが 010，下位 3 ビットが 101 となる．

バイポーラ接合トランジスタ（BJT）を用いたフォールディング回路の例を図 **5.13** に示す．図 (c) では，それぞれの差動対の電流の合計が二つの抵抗に分かれて流れる．入力電圧 V_{in} と V_i $(i = 1, 2, 3, 4)$ との大小関係が入れ替わるとき，図 (b) に示すように電流が切り替わるため，図 (d) のような特性を得ることができる．BJT を MOSFET に置き換えることも可能である．

この回路の問題点は，図 **5.14** (a) に示すように折れ曲がり点が鋭角的でなく丸みを持つために変換誤差が発生することである．図 5.13 (a) の素子パラメタを最適化することで改善できるが，それでも図 5.11 (c) に示したように完全に鋭角的な特性を得ることは難しい．このような非線形性に起因する誤差発生を

5.3 フォールディング・インターポレーション型

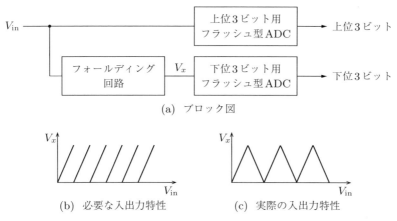

(a) ブロック図

(b) 必要な入出力特性

(c) 実際の入出力特性

図 5.11 フォールディング型 A/D 変換器のブロック図と，フォールディング回路に必要な入出力特性，および実際の回路で実現する入出力特性

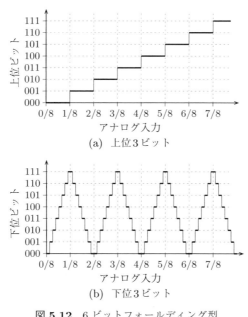

(a) 上位3ビット

(b) 下位3ビット

図 5.12 6ビットフォールディング型 A/D 変換器の入出力特性

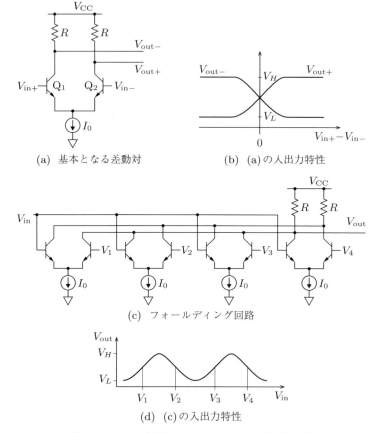

図 5.13 BJT を用いたフォールディング回路の例

抑止するための対策の一つを図 5.14 (b) に示す[38]。ここでは，フォールディング回路を二つ用いることで変換誤差を解消している。ここで，V_i' を V_i の中間に選んでいる。こうすることで，一方の回路が丸みを持つ部分では，もう一方の回路の直線部分を用いることができ，どの入力値に対しても線形性の良い特性を利用できることになる。

フォールディング回路の出力の丸みに起因する変換誤差問題を解決するための別の方法を以下に示す。それは，非線形性があっても，ゼロクロッシングは

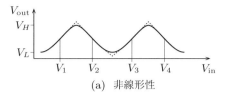

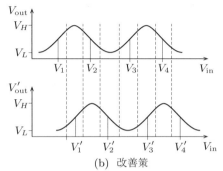

図 5.14 フォールディング回路における線形性の改善例

正確であるという性質を利用する．ここでゼロクロッシングとは差動対の二つの出力が等しくなり，それを差動信号と考えたときに，それが0になること，またはそのときの入力値をいう．図 5.13 (b) において $V_{\text{in}+} - V_{\text{in}-}$ が0になること，あるいは，図 5.13 (c) で V_{in} が V_i ($i = 1, 2, 3, 4$) に等しい点をゼロクロッシングと呼ぶ．これを利用して構成したフォールディング型 A/D 変換器のブロック図を図 5.15 (a) に示す．図は3ビット構成について示している．フォールディング回路1および2の出力を V_1, V_2 として図 (b) に示す．これらのデジタル出力を V_{MSB}, V_1, V_2 の順に読み取ると，000, 001, 011, · · · となり，表 5.2 で 10 進で 0 から 7 までに相当するサイクリック温度計コードが得られていることがわかる．

この回路をさらに発展させたものが，フォールディング・インターポレーション型 A/D 変換器である．その例を図 5.16 に示す．図 5.15 (a) の V_1, V_2 と，その反転信号 $-V_1$, $-V_2$ を抵抗分圧して新たな端子 V_{M+}, V_{M-} を取り出している．この手法をインターポレーション（内挿）と呼ぶ．それぞれの電圧変化

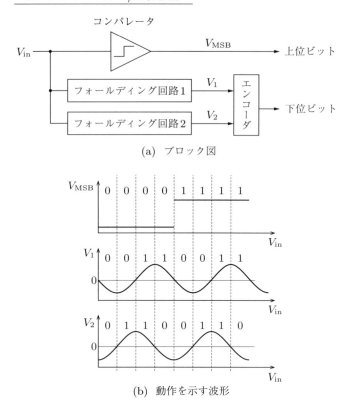

図 **5.15** 3 ビットフォールディング型 A/D 変換器の
ブロック図と動作を示す波形

を図 5.16 (b) に描く．ここで

$$V_1 = V_{1+} - V_{1-} \tag{5.3}$$

$$V_2 = V_{2+} - V_{2-} \tag{5.4}$$

$$V_{M+} = \frac{1}{2}(V_1 + V_2) \tag{5.5}$$

$$V_{M-} = \frac{1}{2}(-V_1 + V_2) \tag{5.6}$$

である．さらに，図 (b) では，それぞれの極性に基づき，コンパレータから得られる 0 と 1 を書いた．これを上から順に書き下すと，0000, 0001, 0011, ···, 1000 となり，4 桁のサイクリック温度計コードが得られていることがわかる．

5.3 フォールディング・インターポレーション型

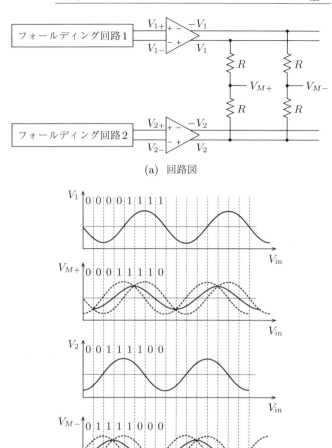

(a) 回路図

(b) 特 性

図 5.16 インターポレーションの回路図と特性

合計で，3ビット分解能に相当する8個のコードが得られたことになる．言い換えると，図5.15(a)の回路のLSB部分を図5.16に示したインターポレーション（内挿）回路に置き換えることで，分解能を1ビット改善できたことになる．

サイクリック温度計コードの例を**表5.3**に示す．一般にN桁のサイクリック温度計コードで$2N$個のデータを表すことができる．16桁では32個のデー

表 5.3 サイクリック温度計コード

バイナリコード	サイクリック温度計コード
000	0000
001	0001
010	0011
011	0111
100	1111
101	1110
110	1100
111	1000

タを表すことができ，これは5ビットに相当する。

電圧分圧に用いる抵抗の数を増やせばゼロクロッシングの数も増え，サイクリック温度計コードの数も増える。これは分解能をさらに改善できることを意味する。しかし，このようにして内挿できる特性の非線形性を考慮すると，ゼロクロッシング点を等間隔に配置することが難しいため，注意が必要である。図 5.16 に示したような2分割なら，それぞれの回路にミスマッチがなければ，等間隔に配置される。さらに，フォールディング回路を利用するときは，回路が高速で動作する必要があることに注意する。もし，フルスケールの周波数 f_{in} の正弦波入力信号を仮定すると，フォールディング回路の出力は $f_{in} \times N_{fold}$ の周波数で振動することになる。ここで，N_{fold} はフォールディングの回数を表す。図 5.13 では $N_{fold} = 4$ である。

以上に述べたように，フォールディング型およびフォールディング・インターポレーション型の A/D 変換器は，フラッシュ型 A/D 変換器と同等の高速性を維持しつつ，コンパレータ数を削減でき，消費電力削減と回路簡素化が可能であるという特徴を持つ。一方で，フォールディング回路やインターポレーション回路が必要であり，それぞれのマッチングや高速性に関して注意深い設計が必要である。

5.4 逐次近似（SAR）型

5.4.1 動作原理：2分探索アルゴリズム

2人がするゲームで，1人が決めた数字を他方が当てることを考える。例えば0から255までの整数の中から一つの数字を選ぶことにすれば，当てるほうは，まず，その数字が127より大きいか小さいかを尋ねる。つぎに，もし大きければ191より大きいか，小さければ63より大きいかを尋ねる。これを繰り返すことで範囲を狭めていけば，必ず相手が決めた数字を言い当てることができる。これは2分探索アルゴリズムと呼ばれる手法である。逐次近似型A/D変換器[†]はこのアルゴリズムを利用したものである。具体的な動作を図**5.17**に示す。この図では0から1までの範囲の入力を仮定し，3ビット出力を得る例を示している。まず，アナログ入力値V_{in}が4/8（=1/2）より大きいかどうかを判定する。この例ではV_{in}のほうが小さいため，最上位ビット（MSB）として0を出力する。つぎに2/8（=1/4）より大きいかどうかを判定する。今度はV_{in}のほうが大きいため1を出力する。最後に3/8より大きいかどうかを判定する。このときもV_{in}のほうが大きいため，最下位ビット（LSB）として1を

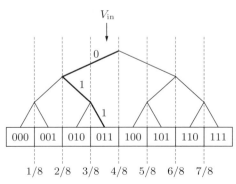

図**5.17** A/D変換器における2分探索ツリー

[†] 著者が知る限り最初と思われる論文として，39) を巻末リストに挙げた。

出力する.これらをまとめて,デジタル出力として011を得る.この操作を N 回繰り返せば,原理的には N ビット分解能のデジタル出力 D_{out} が得られることになる.

この2分探索アルゴリズムを実際に行うための回路のブロック図を図 **5.18** に示す.上位ビットから順に変換する過程で,時間的に変化するアナログ入力信号 V_{in} を一時的に保持するために S/H 回路を用いる.サンプリングスイッチの開閉はサンプリング信号 V_{samp} で制御する.フラッシュ型と違い,SAR 型 A/D 変換器では S/H 回路が必須である.V_{in} との大小判定を行うための参照信号は 4 章で説明した D/A 変換器を用いて発生させる.判定結果に応じて,順次,参照電圧信号を変えていく.このときの D/A 変換器への入力デジタル値をレジスタで生成する.D/A 変換器の出力が V_{in} の近似値となっていて,判定を重ねるごとに,逐次 V_{in} に漸近していくため,逐次近似型と呼ばれる.また,使用するレジスタのことを**逐次近似レジスタ**(successive approximation register, **SAR**)と呼ぶ.この略称を用いて SAR 型 A/D 変換器[†]と呼ばれる.

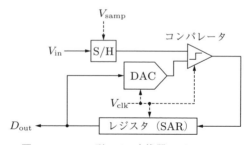

図 **5.18** SAR 型 A/D 変換器のブロック図

典型的なタイミング図を図 **5.19** に示す.V_{samp} が HIGH で V_{in} をサンプリングした後,内部クロック信号 V_{clk} として N 個のパルスを加える.V_{samp} の周期がサンプリング周期 T_s である.V_{clk} の1周期分でサンプリングができる

[†] 「サー ADC」と呼ばれる場合も多い.

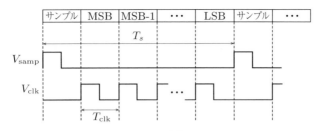

図 5.19　SAR 型 A/D 変換器のタイミング図

と仮定すると，V_{clk} は $1/T_s$ の少なくとも $N+1$ 倍で動作させる必要がある．D/A 変換器に関しては 4 章で説明したが，その中で，図 5.18 の D/A 変換器としては容量 D/A 変換器（C-DAC）を用いるのが一般的である．その理由として

1. S/H 回路のホールド容量と D/A 変換器の容量を共用可能
2. スタティック消費電力が 0

を挙げることができる．

並列にコンパレータを配置したフラッシュ型 A/D 変換器では，1 クロックで温度計コードを生成できたが，SAR 型 A/D 変換器では少なくとも N クロックが必要である．このため動作速度ではフラッシュ型に劣る．しかし，必要なコンパレータは 1 個であり，容量 DAC を用いることで低消費電力化が可能であることが特徴である．増幅器を用いないことも，その大きな要因になっている．このため，今日の VLSI の低消費電力化の流れに合致しており，近年，特に注目を集めている A/D 変換器の一つになっている．

クロック信号 V_{clk} の周波数を高くすると，変換速度は速くなるが，コンパレータの大小判定が終了する前につぎのビット判定に移ってしまう危険性がある．すなわち，3.2.3 項で述べたコンパレータのメタスタビリティを考慮する必要がある．また，レジスタの出力が変化してから容量 DAC の容量の充放電が完了し，出力値が確定するまでの時間も考慮しなければならない．正しい大小判定を保証するには，最悪ケースに備えてクロック周波数を設定する必要がある．これに対して，外部から供給する V_{clk} と同期させるのではなく，コンパ

レータ出力がデジタル振幅に達したことを回路自体が判定し，つぎのビット判定に移る方式が提案されている．これは非同期方式[40]として近年注目されている．すべての判定がメタスタビリティの影響を受けやすい微妙な判定になるわけではないため，結果的に判定時間全体の短縮が可能で，SAR 型 A/D 変換器を高速化できる．

5.4.2　容量 DAC を用いた 2 分探索アルゴリズムの実現

（１）**電荷再配分型**　　電荷再配分型 D/A 変換器[†]を用いると，2 分探索アルゴリズムを効率の良い回路で実現できる．それを理解するため，2 ビット動作の例を**図 5.20** に示す．図 (a) では二つの容量の初期電荷量を 0 と仮定してい

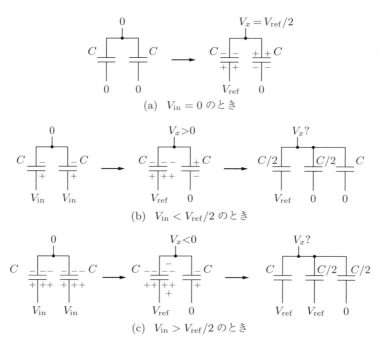

図 **5.20**　電荷再配分方式で実現した 2 分探索アルゴリズム

[†] 4.4 節で説明した電圧分圧型 D/A 変換器と基本的に同じであるが，A/D 変換器の分野で慣習的に用いられている名称をここでは使うことにする．また，最初に提案した文献として 41) を，よく知られた論文として 42) を巻末に挙げた．

る。この状態で V_{ref} と 0 V をそれぞれの容量の下の極板に印加することを考える。二つの容量の上の極板をつなぐノード V_x への電流の流入はないと仮定する。実際には，このノードにコンパレータの入力端子を接続して正負判定を行うが，コンパレータの入力端子は高インピーダンスであり，この条件は満足されている。左の容量の上の極板には負電荷が引き寄せられ，その結果，右の容量の上の極板には同じ量の正電荷がたまる。そのため，V_x の電位は $V_{\text{ref}}/2$ となる。

つぎに，初期電荷量が 0 ではなく図 (b) のように，入力電圧 V_{in} をサンプリングした状況を考えてみよう。ただし，V_{in} は十分に小さいとする。このときは，V_{ref} と 0 V を印加しても，V_x の電位は図 (a) とほぼ同じ状態を保つと考えられるため，$V_x > 0$ となる。左の容量の上の極板には負電荷が引き寄せられ，その結果，図 (a) と同様に右の容量の上の極板には正電荷がたまる。これに対して，V_{in} が十分大きいと，左右両方の容量の上の極板に大量の負電荷が発生する。この状態では，左の容量の下の極板に V_{ref} を印加しても，右の容量の上の極板に正電荷がたまるほどの十分な負電荷を引き寄せることができない。したがって，右側の容量の上の極板には依然として負電荷が残るため，V_x は負となる。

V_x の正負を決める入力電圧 V_{in} の境界を求めるには，二つの容量の上の電極にたまる電荷の合計が，V_{ref} と 0 V の印加前後で一定であることに着目する。すなわち，V_{in} を印加したときには，その電荷の合計は $-2CV_{\text{in}}$ である。これが，$C(V_x - V_{\text{ref}}) + CV_x$ に等しいとすれば，$V_x = -V_{\text{in}} + V_{\text{ref}}/2$ が得られる。したがって，$V_{\text{in}} < V_{\text{ref}}/2$ なら $V_x > 0$，$V_{\text{in}} > V_{\text{ref}}/2$ なら $V_x < 0$ であることがわかり，2 分探索アルゴリズムが実現できることになる。

さらに，$V_{\text{in}} < V_{\text{ref}}/2$ のとき，図 (b) に示したように左側の容量を半分に分割し，その一方に V_{ref}，他方に 0 V を印加することで，分割前に V_{ref} を印加したときの上の電極にたまっていた負電荷の量を少なくすることができる。上と同じように計算すると，そのときの境界は $V_{\text{ref}}/4$ であることがわかる。一方，$V_{\text{in}} > V_{\text{ref}}/2$ のとき，図 (c) に示すように，右側の容量を半分に分割し，その一

方に V_{ref}, 他方に 0 V を印加することで, 0 V を印加した容量の上の電極にたまる負電荷の量を少なくすることができる. 上と同じように計算すると, そのときの境界は $3V_{\text{ref}}/4$ であることがわかる. 以上の操作を繰り返すことで, 図 5.17 に示した 2 分探索アルゴリズムを回路で実現することができる.

同様の操作に基づく 6 ビット SAR 型 A/D 変換器の回路図を**図 5.21** に示す. まず, サンプルモードで Sw_{samp} を閉じ, 他のスイッチをすべて図 (b) のサンプリング端子に接続する. このときすべての容量が V_{in} で充電される. つぎに, Sw_{samp} を開け, 他のスイッチをすべて図 (b) の "0" に切り替える. この状態で $V_x = -V_{\text{in}}$ となり入力電圧がホールドされる. さらに b_1 を "1" に切り替えることで, コンパレータの出力 V_{comp} として MSB が得られる. $32C$ と, それを除くすべての容量の合計とは等しくなるため, 図 5.20 で説明したことが実現できている. MSB = 1 のときは b_1 を "1" にしたまま, b_2 を "1" に切り替える. コンパレータの出力 V_{comp} として MSB に次ぐ上位ビットが得られる. MSB = 0 のときは b_1 を "0" に戻し, b_2 を "1" に切り替える. コンパレータの出力 V_{comp} として MSB に次ぐ上位ビットが得られる. 以下, 同様の操作を繰り返すことで 6 ビット出力が得られる. この図に示した配置でスイッチ操作が終わったとすると, 出力は $010011x$ ということになる. x はそのときのコンパレータ出力

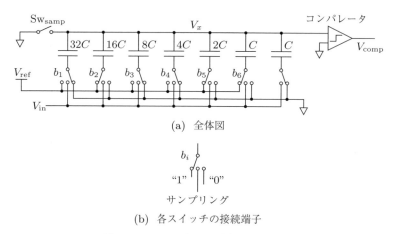

(a) 全体図

(b) 各スイッチの接続端子

図 5.21 SAR 型 A/D 変換器の回路図

で決まる。それが正なら $x=1$，負なら $x=0$ である。図 4.20 の容量 DAC と同様にして，最終的な電圧 V_x は

$$V_x = -V_{\text{in}} + \frac{C_T}{C_T + C_B} V_{\text{ref}} \tag{5.7}$$

となる。ここで，C_T および C_B は，それぞれ V_{ref} および GND に接続された容量の合計値である。スイッチ操作が進むとともに V_x は 0 に近づく。このため，コンパレータのオフセットのコモンモード電圧依存性の影響は無視できる。

必要なビット分解能が高くなると，2 で重み付けした容量配列の総容量は指数関数的に大きくなる。これを防ぐためには，図 4.22 に示した減衰容量を用いた容量 DAC[†] で置き換えることが有効である。しかし，容量値の比が非整数になるため，ミスマッチの影響に配慮が必要である。

（ 2 ）　**電荷共有方式**　2 で重み付けした容量にあらかじめ V_{ref} で充電しておき，順に V_{in} で充電したサンプリング容量と接続することで 2 分探索アルゴリズムを実現することもできる。これを電荷共有方式[43]と呼ぶ。具体的な容量接続方法の例を図 **5.22** に示す。2 で重み付けされた分銅を用い，上皿天秤で重量を量る操作と同じことを電荷操作により実現した，と考えてよい。電荷再配分型と同様に，図 (a) から図 (b) で容量の上の電極では電荷の合計が変化しないことに着目すれば

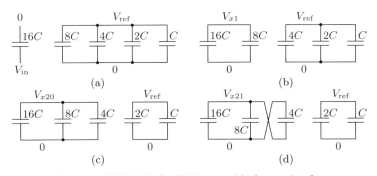

図 **5.22**　電荷共有方式で実現した 2 分探索アルゴリズム

[†]　後述のスプリットキャパシタ DAC と誤用しないよう注意する。

$$V_{x1} = \frac{16}{24}\left(-V_{\text{in}} + \frac{1}{2}V_{\text{ref}}\right) \tag{5.8}$$

が得られる。したがって MSB 判定ができることになる。もし, $-V_{\text{in}} + \frac{1}{2}V_{\text{ref}} < 0$, すなわち MSB = 1 なら, 図 (c) のようにつぎの容量を接続すると, MSB に次ぐ上位ビットが得られる。また, もし, $-V_{\text{in}} + \frac{1}{2}V_{\text{ref}} > 0$, すなわち MSB = 0 なら, 図 (d) のようにつぎの容量を接続することで, MSB に次ぐ上位ビットが得られる。

5.4.3 消費エネルギー

(1) 2 の重み付け容量 DAC SAR 型 A/D 変換器は低消費電力動作が特徴であることを述べた。ここでは, 容量 DAC の消費エネルギーについて定量的に考察する[44),45)]。消費電力ではなく消費エネルギーを考察する理由は, 1 回のサンプリングに対する A/D 変換動作に着目しているためであり, サンプリング周波数を掛ければ消費電力が求まる。

容量 DAC のスイッチングにおける消費エネルギーについて考察するための図を図 **5.23** に示す。容量の充放電に必要なエネルギーは, 電源 V_{ref} がする仕事として計算できる。サンプルモードから MSB 判定モードへの移行に必要なエネルギー $E_{\text{samp}\to 1}$ は

$$\begin{aligned}
E_{\text{samp}\to 1} &= \int_0^1 I_{\text{ref}}(t) V_{\text{ref}} dt \\
&= V_{\text{ref}} \int_0^1 \frac{dQ_{2C}}{dt} dt \\
&= V_{\text{ref}} \int_{Q_{2C}(0)}^{Q_{2C}(1)} dQ_{2C} \\
&= V_{\text{ref}} \left[2C(V_{\text{ref}} - V_{x1}) - 2C(V_{\text{in}} - 0)\right] \\
&= CV_{\text{ref}}^2
\end{aligned} \tag{5.9}$$

と求まる†。また, MSB = 0 と想定したときの MSB 判定から MSB-1 判定への

---

† 静電エネルギー $(1/2)CV^2$ の差し引きを考えると, この半分になる。残りの半分は, 抵抗で消費されるジュール熱である。この事例のように, 電圧一定の参照電源を用いて, 容量を充放電するとき, 電源電圧と容量電極間電圧の差を吸収するために, 抵抗が必要である。実際には, MOSFET スイッチの ON 抵抗がその役割を担っている。

5.4 逐次近似（SAR）型

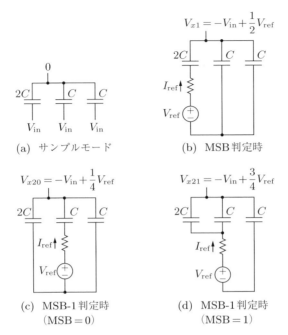

図 5.23 容量 DAC のスイッチングにおける消費エネルギー

移行に必要なエネルギー $E_{1\to 20}$ は，同様にして

$$\begin{aligned} E_{1\to 20} &= V_{\text{ref}} \int_{Q_C(0)}^{Q_C(1)} dQ_{2C} \\ &= V_{\text{ref}} \left[C(V_{\text{ref}} - V_{x20}) - C(0 - V_{x1}) \right] \\ &= \frac{5}{4} C V_{\text{ref}}^2 \end{aligned} \quad (5.10)$$

として求めることができる。さらに，MSB = 1 と想定したときの MSB 判定から MSB-1 判定への移行に必要なエネルギー $E_{1\to 21}$ は

$$\begin{aligned} E_{1\to 21} &= V_{\text{ref}} \left[2C(V_{\text{ref}} - V_{x21}) - 2C(V_{\text{ref}} - V_{x1}) \right] \\ &\quad + V_{\text{ref}} \left[C(V_{\text{ref}} - V_{x21}) - C(V_{\text{in}} - 0) \right] \\ &= \frac{1}{4} C V_{\text{ref}}^2 \end{aligned} \quad (5.11)$$

となる。

144 5. ナイキスト型 A/D 変換器

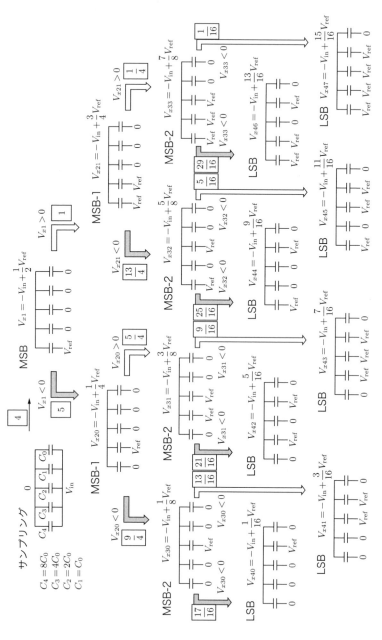

図 5.24 2 の重み付け 4 ビット容量 DAC を用いたときのスイッチ操作と消費エネルギー

このようにして求めた消費エネルギーをそれぞれの判定ビットに対応するスイッチ操作に対応させて図 5.24 に示す．消費エネルギーの値は CV_{ref}^2 で規格化して表した．4 ビット判定に必要なエネルギーは，それぞれのビット判定時の消費エネルギーを足し合わせたもので，出力コードに依存する．その結果を図 5.25 の × で示す．出力コードが 1111 のときと比較して，0000 のときの消費エネルギーが大きい．これは，0000 のときには，一度充電した容量を放電するスイッチ操作が多いことに起因する．例えば，$V_{\text{ref}}/2$ と比較して V_{in} のほうが小さいため判定基準電圧を $V_{\text{ref}}/2$ から $V_{\text{ref}}/4$ に変更する場合，図 5.24 で C_4 ($= 8C_0$) を放電し，改めて C_3 ($= 4C_0$) を充電することになり，このときに大きなエネルギーが消費されることを意味している．このように比較のための基準電圧を下げることを「下向き遷移」と呼ぶことにする．一方，$V_{\text{ref}}/2$ と比較して V_{in} のほうが大きいときは判定基準電圧を $V_{\text{ref}}/2$ から $3V_{\text{ref}}/4$ に変更することになり，図 5.24 で C_4 ($= 8C_0$) を充電したままで，改めて C_3 ($= 4C_0$) を充電することになり，「下向き遷移」より少ないエネルギーで済むことを意味する．

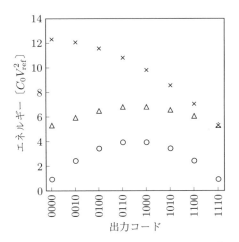

図 5.25 容量 DAC の消費エネルギーの比較．× は従来の 2 の重み付け容量 DAC の結果，△ はスプリットキャパシタ DAC の結果，○ はスイッチ分離 DAC の結果を表す．

これを「上向き遷移」と呼ぶことにする。もし，下向き遷移で，$C_4\,(=8C_0)$ の容量を全部放電せずに，$C_3\,(=4C_0)$ を充電するために有効利用できれば，下向き遷移の伴う消費エネルギーを小さくできるはずである。

（**2**）　**スプリットキャパシタ DAC**　　下向き遷移に伴う消費エネルギーを削減するために考案された D/A 変換器が，スプリットキャパシタ DAC[44] である。この DAC は LSB に相当する容量以外のすべての容量を半分ずつに分離する。それを用いた 2 ビット SAR 型 A/D 変換器のスイッチ操作を**図 5.26** に示す。図で C_{21}, C_{22} は，図 5.23 の $2C$ に相当し，それを二つに分離した容量である。通常の MSB 判定時には $2C$ に相当する C_{21}, C_{22} に V_{ref} を接続するが，スプリットキャパシタ DAC ではその片方 C_{21} と下位ビットに相当する C_1 を V_{ref} に接続する。これらの容量の合計は $2C$ に等しいため，電荷の配分は 2 の重み付け容量 DAC の場合と同じで，V_{in} と $V_{\mathrm{ref}}/2$ の大小関係を比較できる。2 ビット目の比較では，MSB 判定結果に応じてスイッチを切り替えるが，MSB が 0 でも 1 でも C_1 は V_{ref} に接続されたままである。そのため，2 の重み付け

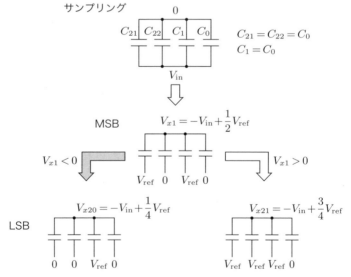

図 5.26　スプリットキャパシタ DAC を用いた 2 ビット SAR 型 A/D 変換器のスイッチ操作

5.4 逐次近似（SAR）型　147

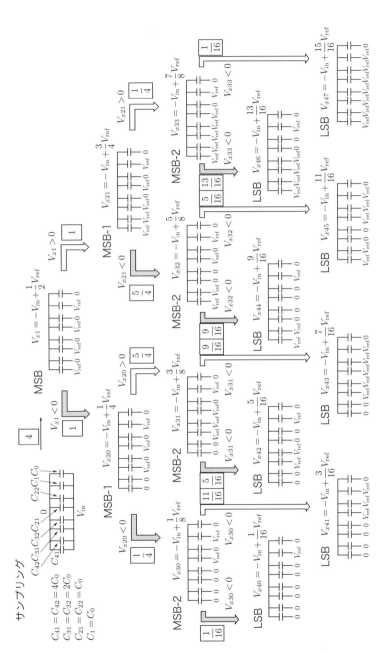

図 5.27 スプリットキャパシタ DAC を用いた 4 ビット SAR 型 A/D 変換器のスイッチ操作と消費エネルギー

容量 DAC では $2C$ の電荷がすべて破棄されたのに対して，ここではその半分が再利用されることで，低エネルギー化が可能になった。

スプリットキャパシタ DAC を用いた 4 ビット SAR 型 A/D 変換器の各スイッチ操作と消費エネルギーを図 5.27 に示す。消費エネルギーは 2 の重み付け容量 DAC の場合と同様にして求めた。4 ビット判定に必要なエネルギーは，それぞれのビット判定時の消費エネルギーを足し合わせたもので，出力コードに依存する。その結果を図 5.25 の △ で示している。図で MSB = 0 に対応する左半分の領域，すなわち下向き遷移の回数が多い領域では，エネルギーが効率的に利用でき，2 の重み付け容量 DAC と比較して，消費エネルギーが大きく削減できることがわかる。どちらも総容量値は変わらないため，専有面積はほぼ同じである。しかし，スイッチの数がおよそ倍増することと，それを制御するための論理回路が複雑になることが欠点である。

（3） スイッチ分離 DAC　　2 の重み付け容量 DAC でも，スプリットキャパシタ DAC でも，MSB 判定に伴うスイッチ操作の前後で最も大きなエネルギーを消費する。使用する容量が大きいためである。しかし，MSB だけを判定するためであれば，大きい容量を使う必要がない。続くビット判定で必要な容量を追加していけばよい，という発想で提案されたのが，**スイッチ分離** (junction splitting, **JS**) **DAC** である。こうすることで消費エネルギーを削減できる。それを用いた 2 ビット SAR 型 A/D 変換器のスイッチ操作を図 5.28 に示す。容量構成は 2 の重み付け容量 DAC と同じであるが，C_2 を C_1 および C_0 からスイッチで切り離せる点が異なる。2 ビット目の判定時にこのスイッチを閉じる。MSB 判定時に充電した容量を放電することはしない。

スイッチ分離 DAC を用いた 4 ビット SAR 型 A/D 変換器の各スイッチ操作と消費エネルギーを図 5.29 に示す。また，4 ビット判定に必要なエネルギーを図 5.25 の ○ で示している。スプリットキャパシタ DAC と比較して，一層の省エネルギー化が実現できることがわかる。しかし，スイッチの数はさらに増え，それらを制御するための論理回路が複雑化するという欠点がある。また，小さい容量で MSB を比較するため，大きな容量を用いて MSB を比較

5.4 逐次近似 (SAR) 型

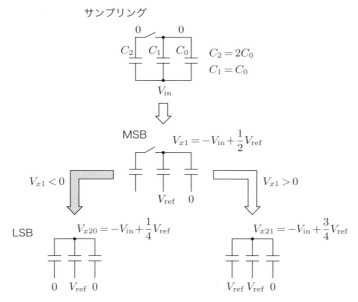

図 5.28 スイッチ分離 DAC を用いた 2 ビット SAR 型 A/D 変換器のスイッチ操作

する場合より，容量値のばらつきの影響を受けやすいことにも注意すべきである。

以上，消費電力を考える上で重要な容量 DAC の充放電に伴う消費エネルギーを考察した。スイッチ操作の工夫†で消費エネルギーの削減が進んだ結果，コンパレータや逐次近似レジスタ (SAR)，スイッチ制御論理回路などの消費エネルギーが無視できなくなっている。現在の SAR 型 A/D 変換器では，アナログ部と同程度の電力をデジタル部で消費している，といってよい。また，消費電力はサンプリング周波数に比例して増加することにも注意する。

ここでは，具体的な説明は省略するが，トッププレートサンプリングという手法[46]も低エネルギー化に有効である。これはコンパレータ入力端子に V_{in} を直接印加し，まず MSB を判定する方法で，容量 DAC は 2 ビット目の判定以

---

† これ以外にも，低エネルギー化を狙った多数のスイッチ操作方法が提案されている。ここでは，最も基本的な手法を紹介した。

150 5. ナイキスト型 A/D 変換器

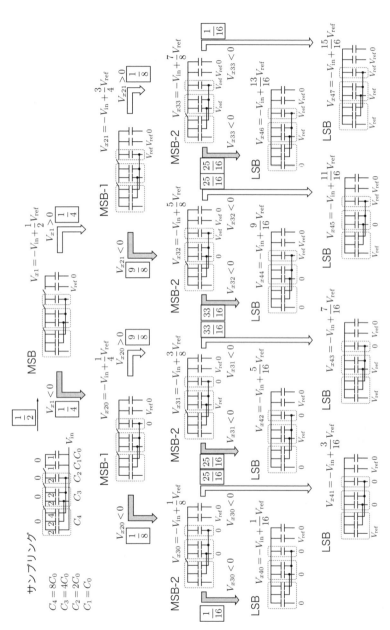

図 **5.29** スイッチ分離 DAC を用いたときのスイッチ操作と消費エネルギー

降で利用する.その結果,必要な総容量値を 1/2 にできるため,低エネルギー化が可能になる.しかし,サンプリング時では入力電圧が上部電極に,ビット判定時では V_{ref} が下部電極に,とそれぞれ別の電極に接続される.電極により寄生容量の影響が異なるため,ビット判定の閾値も変化する可能性があり,十分な注意が必要である.

また,多ビット/ステップという方式[47),48)] も知られている.これまでは,1 個のコンパレータを用いて 1 ステップごとに 1 ビットの判定をすることを想定していたが,フラッシュ型 A/D 変換器と同様に 3 個のコンパレータを用いれば,1 ステップで 2 ビットの判定が可能になる.これにトッププレートサンプリングを組み合わせれば,さらに低消費エネルギー化が可能になる.しかし,1 ビット/ステップと違い,複数の参照基準電圧を余分に生成する必要があり,回路が複雑化する欠点がある.

5.4.4 冗長性の導入

これまでは,D/A 変換器を構成する容量の値は設計値どおりで,すなわち理想的で,変動はないと仮定してきた.しかし,実際に A/D 変換器を作製すると,必ず容量値にばらつきが発生する.これを容量ミスマッチと呼ぶ.その影響を図 5.30 に示す例で考えよう.この例では最下位ビット判定に必要な C が ΔC だけ変化したことを想定している.

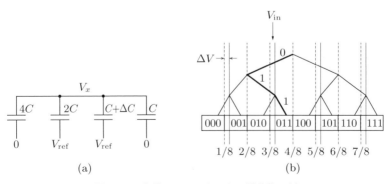

図 5.30 容量ミスマッチによる誤動作の例

このとき，LSB 判定時の D/A 変換器出力は

$$V_x = \frac{1}{1+\alpha/8}\left\{-V_\text{in} + \frac{3}{8}\left(1+\frac{\alpha}{3}\right)V_\text{ref}\right\} \tag{5.12}$$

となるため，判定のための基準電圧が $\Delta V = (\alpha/8)V_\text{ref}$ だけ変化することになる。ここで，α は相対誤差，すなわちミスマッチ $\Delta C/C$ である。したがって，$\alpha = 0$ でミスマッチがなければ 011 が出力されるが，ミスマッチがあると誤って 010 が出力されることになる。もし MSB 判定に用いる $4C$ が変化すると，入力値によっては判定誤りが起こり，それ以降，ビット判定を繰り返してもその誤りが修正されることはない。2 進表記と 10 進数は 1 対 1 に対応しているためである。

もし，2 より小さい基数を用いて 10 進数を表現すると，それは 1 通りには限らない。これを冗長性表現と呼ぶ。例えば基数を 1.6 に選ぶと

$$(D_0 D_1 D_2 D_3 D_4)_{1.6} = \sum_{i=0}^{4} D_i \, (1.6)^{-1-i} \tag{5.13}$$

の左辺で表されたデジタル値で $(1001)_{1.6}$ と $(0111)_{1.6}$ はそれぞれ 0.778 と 0.787 で，ほぼ等しいといってよい†。むしろ，後者のほうが前者より大きくなっている。冗長性を利用すれば，一度判定誤りが発生しても，そのあとの判定で誤りを修正できる[49]。その例を図 **5.31** に示す。入力値 V_in に対して，MSB 判定が誤らなければ出力は 1000 となるが，もし MSB 判定を誤って 0 としても，そ

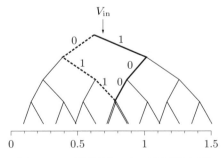

図 **5.31** 冗長性導入による判定誤り回避

---

† 桁数を上げれば，　致は良くなる。

の後の判定を続けると 0110 となり，10 進表記ではほぼ同じ値になる．すなわち，MSB 判定の誤りが修正できることを意味する．ただし，必要なビット分解能を得るには，ステップ数を増やす必要があることに注意する．式 (5.13) で示した 1.6 進コード表現に対応する 10 進数値を図 **5.32** に示す．10000 付近でギャップがあるが，それが図 5.31 の重なった部分に対応する．

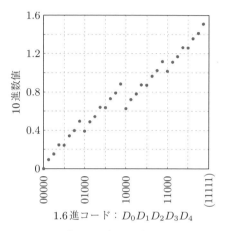

図 5.32 1.6 進コード表現に対応する 10 進数値

冗長性導入は SAR 型 A/D 変換器の高速化にも有効である[50]．上記の説明では容量ミスマッチを想定した．しかし，誤判定が修正できるということは，容量 DAC の出力が最終的な値に落ち着く前に判定動作を開始して，たとえ誤判定したとしても，それ以降の判定で修正できることを意味する．したがって，クロック信号 V_{clk} の周波数を通常より高くしてもよい．実際，ステップ数は増えても，高速化できることが知られている．

注意すべき点は，例えば 1.6 進を採用すると，容量の重み付けを 1.6 で行うことになり，容量比が整数でなくなることである．4.4 節で述べたとおり，整数個の単位容量を組み合わせて容量 DAC を構成することがミスマッチを少なくする上で必要であることを考えると，これは避けるべきである．そのために，一般化された非 2 進 SAR 型 A/D 変換器が提案されている[51]．整数比を保ったままで冗長性を持たせる手法である．例えば，8 ビット分解能を得るには，128,

64, 32, 16, 8, 4, 2, 1 と重み付けするのが普通であるが，128, 46, 26, 20, 14, 8, 6, 4, 2, 1 とすると冗長性が加味され，誤判定を修正できる．総容量値は変わらないが，必要なステップ数は増えていることに注意する．

一般化非 2 進探索アルゴリズムによる冗長性判定の例を図 **5.33** に示す．この例では，5 ビット分解能，ステップ数 6 を仮定していて，k 番目の判定結果出力を $d(k)$ とする．このとき，出力 D_{out} は

$$D_{\mathrm{out}} = 2^{N-1} + \sum_{i=2}^{M} s(i-1)p(i) + \frac{1}{2}(s(M) - 1) \qquad (5.14)$$

と表すことができる[51]．ここで，N はビット分解能，M はステップ数である．また，$s(i)$ は $d(i)$ が 1 なら 1，0 なら -1 とする．この例では，$N = 5$ および

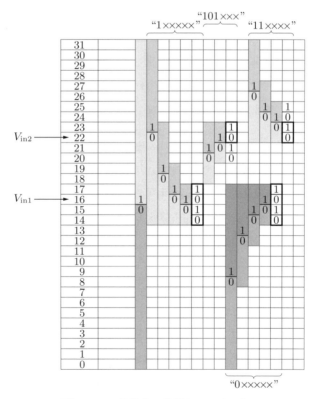

図 **5.33** 一般化非 2 進探索アルゴリズム

$M = 6$ であり，$d(1)$ が MSB, $d(6)$ が LSB である．また，$p(1) = 16$, $p(2) = 7$, $p(3) = 4$, $p(4) = 2$, $p(5) = p(6) = 1$ として冗長構成をした．例えば入力が $V_{\mathrm{in}1}$ のとき，正しい出力は 100010 となるが，MSB 判定を 0 と誤ったとすると 011110 が出力として得られる．式 (5.14) を用いると，いずれも 16 と正しい出力が得られることがわかる．また，入力が $V_{\mathrm{in}2}$ のとき，正しい出力は 101110 であるが，2 サイクル目で誤判定が起こり 110000 となったとしても，式 (5.14) を用いて算出した出力は 22 となる．

以上で説明してきたように，消費電力の大きい増幅器を必要としない SAR 型 A/D 変換器は低消費電力動作に適している．一層の消費電力削減を目指した研究が現在も精力的に進められている．一方で，それと裏腹の帰結であるが，分解能に制約があり，レーザトリミングなどの特殊な補正を行わない限り，10 ビット前後が一般的であった．7 章で説明するが，デジタル補正やノイズシェイピング手法との併用などで今後の改善が期待される．SAR 型 A/D 変換器に関する解説記事[52],[53] を巻末に挙げたので，興味ある読者は参照していただきたい．

5.5　2 ステップ型/サブレンジング型/アルゴリズミック型

フラッシュ型では多数のコンパレータを並べ，すべてのビット判定を並列的に処理した．また，フォールディング・インターポレーション型では，上位ビットと下位ビットの判定を別の信号経路で並列的に処理した．これに対して，上位ビットの判定結果が得られた後に量子化誤差を増幅し，さらに下位ビット判定を続ける方式の A/D 変換器を，2 ステップ型 A/D 変換器と呼ぶ．そのブロック図を図 **5.34** に示す．また，2 ステップ型 A/D 変換器の動作原理図を図 **5.35** に示す．この図に示すように，上位ビット判定における 1 LSB 相当分をフルスケールに拡大して下位ビット判定を行う．前段における 1 区画の判定レンジ（範囲）を次段では全範囲と見なすレンジ変換を行うことから，サブレン

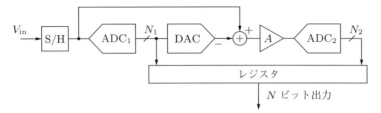

図 5.34　2 ステップ型 A/D 変換器のブロック図

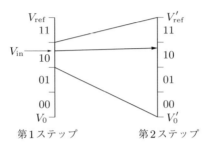

図 5.35　2 ステップ型 A/D 変換器の動作原理図

ジング型 A/D 変換器とも呼ばれる．また，増幅器を用いず，初段のフルスケールから切り出した一部分を 2 段目の A/D 変換器のフルスケールとして用いる A/D 変換器を，サブレンジング型 A/D 変換器と呼ぶこともある．そのブロック図を図 5.36 に示す[†]．

SAR 型 A/D 変換器も複数のステップで A/D 変換を行うが，増幅機能は持

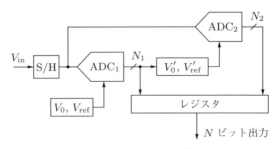

図 5.36　サブレンジング型 A/D 変換器のブロック図

[†] 狭義のサブレンジング型としては図 5.36 を指すのが適切であると思われるが，図 5.34 もサブレンジング型と呼ばれることが多い．

5.5 2ステップ型/サブレンジング型/アルゴリズミック型

たない点が異なる．SAR型A/D変換器では閾値を変化させるのに対して，2ステップ型A/D変換器では，閾値は変化させずに信号を増幅する．このため，前段と後段で同じ構造を持つA/D変換器を使用できる．

図5.34に示した2ステップ型において使用するA/D変換器をコンパレータに置き換えることで分解能を1ビットとし，ループ状に多段化したものを，アルゴリズミック型A/D変換器と呼ぶ．**サイクリック**（cyclic）**型**と呼ばれることもある．そのブロック図を**図 5.37**に示す．1ビットずつ上位ビットから下位ビットに向けて順次出力が得られる点でSAR型A/D変換器と似ているが，増幅器を用いて信号を増幅する一方，閾値（この例では$V_{\text{ref}}/2$）は一定であることが異なる点である．図5.34のように，複数のA/D変換器を並べるのではなく，同じ回路ユニットを繰り返し利用するため，専有面積を小さくできるという特徴がある．

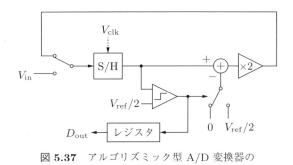

図 5.37 アルゴリズミック型A/D変換器のブロック図

2ステップ型A/D変換器では，フラッシュ型A/D変換器を高分解能化するときの問題点であった回路規模の複雑化を回避できることが特徴である．それに引き替え，変換に必要な時間が長くなること，また増幅器を使うと消費電力が増加することを欠点として挙げることができる．

5.6 パイプライン型

多ステップ型 A/D 変換器の各段の初めに S/H 回路をつけて，パイプライン的[†]な動作を可能にしたものが，パイプライン型 A/D 変換器である．図 5.37 で示したアルゴリズミック型 A/D 変換器のループを解き，チップ上に平面展開したものと考えてもよい．そのブロック図を**図 5.38** に示す．N 段のサブ A/D 変換器からなり，量子化誤差を増幅して次段に送る．各段のサブ A/D 変換器には同じ A/D 変換器を用いる場合が多い．最終段にはフラッシュ型 A/D 変換器が使われる．それぞれの出力に遅延を加え，タイミングを揃えたものを D_{out} として出力する．

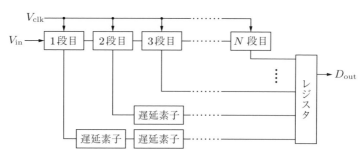

図 5.38 パイプライン型 A/D 変換器のブロック図

パイプライン型 A/D 変換器の各段に使われるサブ A/D 変換器のブロック図を**図 5.39** に示す．この例では，サブ A/D 変換器が 2 ビット分解能を持つと想定している．V_3 は S/H されたアナログ入力とデジタル出力の差で，1 LSB 以下の量子化誤差である．**残渣**（residue）と呼ばれる．これを残渣アンプと呼ばれる増幅器で増幅し，次段に伝える．ゲインは前段の 1 LSB が次段のフルスケールになるように決める．サブ A/D 変換器の分解能が 2 ビットの場合，ゲインは正確に 4 である必要がある．また，出力は 2 ビットであるが，変換精度とし

[†] プロセッサを高速化するために使われる手法と同じ考え方である．

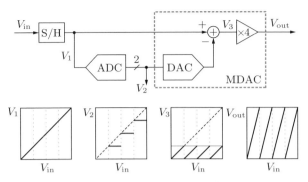

図 5.39 パイプライン型 A/D 変換器の各段に使われる
サブ A/D 変換器のブロック図

てはその段以降で実現しようとするビット分解能が必要であることに注意する。
図 5.39 で，乗算と D/A 変換器を含んだ破線枠部分は **MDAC**（multiplying DAC）と呼ばれる。

アナログ入力が初段に入力してから出力が得られるまでの時間差を**レイテンシ**（latency）と呼ぶ。段数が増えるとレイテンシが大きくなるが，ひとたびデータが出力され始めると，あとは V_{clk} の周波数でデジタル値が出力される。V_{clk} はサブ A/D 変換器の変換時間で決まるため，短縮化が可能で，パイプライン全体でも高速出力が期待できる。スループットが高いという。一方，リアルタイムで瞬時に反応することが求められる応用分野では，レイテンシが大きいと反応が遅くなるため，問題になる。しかし，通信に使われる受信機などでは，レイテンシがあっても高いスループットであれば大きな問題にならない場合が多く，広く利用されている。

全体で得られるビット分解能を一定とすれば，サブ A/D 変換器のビット分解能を上げれば段数は少なくて済む。逆に，サブ A/D 変換器を簡略化する目的でビット分解能を下げると，必要な段数は多くなる。サブ A/D 変換器のビット分解能を高くするか低くするかは，サブ A/D 変換器の回路規模，消費電力やレイテンシやスループットに対する制約条件で決まる。ビット分解能を高くすると，サブ A/D 変換器の残渣アンプに高いゲインが必要になる。3.2.1 項で述

べたように，ゲインを高くすると増幅器が遅くなる．また，消費電力も増加する．詳細な検討では，各段のビット分解能を低く抑えたほうが，変換速度，消費電力，専有面積を小さくできることが報告されている[54][†]．

1ビット分解能のサブA/D変換器の回路図を図**5.40**に示す．ϕ_1のときがサンプルモード，ϕ_2のときが増幅モードである．それぞれのモードに対応する回路図を図**5.41**に示す．図(a)のサンプルモードでは，二つの容量C_sとC_fに，V_1に相当する電荷をためる．これらの容量の上部電極は仮想接地されている．図(b)の増幅モードでは，C_fがフィードバック容量となり，電荷が再配分される．C_sの下部電極の電位は，コンパレータの出力により，0またはV_{ref}となる．その結果，出力V_{out}は

$$V_{\text{out}} = \frac{C_s + C_f}{C_f} V_1 - \frac{C_s}{C_f} V_{\text{ref}} D_x \tag{5.15}$$

と書くことができる．もし，$C_s = C_f$であれば

$$V_{\text{out}} = \begin{cases} 2V_1, & \text{if } D_x = 0 \\ 2V_1 - V_{\text{ref}}, & \text{if } D_x = 1 \end{cases} \tag{5.16}$$

を得る．C_sとC_fに容量ミスマッチがあると，V_1の係数が2にならない．これをゲイン誤差と呼ぶ．コンパレータにオフセットがあると，0と1の境界を

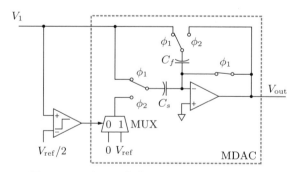

図**5.40** 1ビット分解能サブA/D変換器の回路図

[†] この結論は，想定するテクノロジーに依存していることに注意する．近年，これとは逆にSAR型A/D変換器をサブA/D変換器に用いた2段構成が，ハイブリッドA/D変換器として注目されている．これに関しては7.3節で説明する．

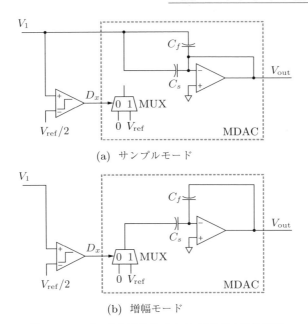

(a) サンプルモード

(b) 増幅モード

図 5.41　1 ビット分解能サブ A/D 変換器の動作原理

決める入力値が $V_{\text{ref}}/2$ からずれ，オフセット誤差が発生する。

　1 ビット/段の入出力特性を図 5.42 に示す。図 (a) と図 (b) の実線はそれぞれ，オフセット誤差のない理想的な特性と，オフセット誤差があるときの特性を示す。破線は入出力の軸を入れ替えて特性を描いたものである。オフセット誤差がなければ，図 (a) で示した入力 V_{in1} に対して，出力は 0110··· のように正常な値として得られる。もし図 (b) のようにオフセット誤差があると，同じ入力 V_{in1} に対して 1000··· と誤った値が出力される。

　オフセット誤差があり誤判定が起きても，それを補正するために採用されているのが 1.5 ビット/段のパイプライン型 A/D 変換器である。そこで用いられているサブ A/D 変換器の回路図を図 5.43 に示す。2 個のコンパレータを用いて入力範囲を 3 区分し，それを 00, 01, 10 として出力する。1 ビット/段と同様に考えると，図 5.44 (a) に示す入出力波形を得る。図 5.42 と同様に入力 V_{in1} に対する出力を追っていくと，01, 00, 01, 10 となる。図 (a) の右に書かれてい

5. ナイキスト型 A/D 変換器

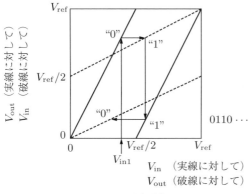

(a) 正常動作

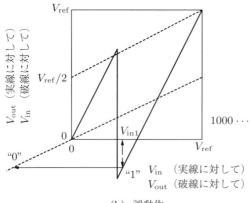

(b) 誤動作

図 **5.42** 1 ビット/段の出力例。正常動作と，オフセットがあり閾値がずれたときの誤動作。

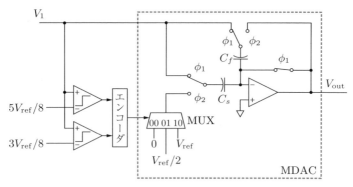

図 **5.43** 1.5 ビットを出力するサブ A/D 変換器の回路図

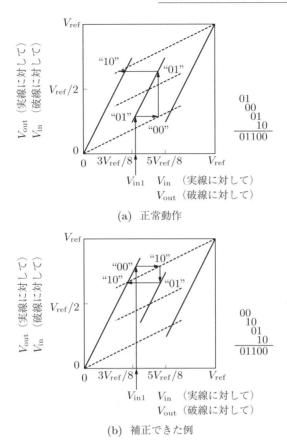

図 5.44 パイプライン型 A/D 変換器におけるデジタル補正。正常動作と閾値がずれても補正できた例。

るように，これらを 2 進数と考え，桁をずらして加え合わせると，01100 を得る。一方，図 (b) に示すようなオフセット誤差があり，$3V_{\mathrm{ref}}/8$ に相当する閾値がずれたとすると，00, 10, 01, 10 が出力される。同様に足し合わせると 01100 となり，オフセットがない場合と一致する。オフセットによる誤判定が補正できることがわかる。オフセットの変化量が $V_{\mathrm{ref}}/8$ 以内であれば，これは有効に機能する[†]。

[†] この方法でゲイン誤差は補正できないことに注意する。この補正には，後に述べるデジタル支援技術が使われている。

164   5. ナイキスト型 A/D 変換器

1.5 ビット/段パイプライン型 A/D 変換器の冗長性判定を**図 5.45** に示す。例えば入力が $V_{\text{in}1}$ のとき，最初の判定が 10，続いて 00, 01, 10 となり，図 5.44 に示したように桁をずらして足し合わせると 20 になる。一方，1 ビット目で判定を誤り 01 となったとき，その後は 10, 01, 10 となるため，同様にして 20 となり，判定誤差は修正されることがわかる。

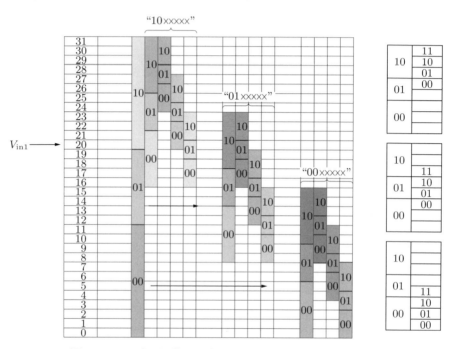

図 5.45 1.5 ビット/段パイプライン型 A/D 変換器の冗長性判定。右欄は最終ビットの判定方法。

1.5 ビット/段の出力は，各桁に $-1, 0, 1$ の値が許される符号付き冗長 2 進数系[55]に対応している。すなわち，t_i が $-1, 0, 1$ の値をとりうるとして

$$y = \sum_{i=1}^{4} t_i 2^{-i} \tag{5.17}$$

とすると，y の表記が 1 通りとは限らない冗長性を持つ。実際，図 5.44 の例で 00 を -1，01 を 0，10 を 1 と読み替え，$t_1 = 0$，$t_2 = -1$，$t_3 = 0$，$t_4 = 1$ と

して y を計算すると $-3/16$ を得る。一方，オフセットがあるときの出力である $t_1 = -1$, $t_2 = 1$, $t_3 = 0$, $t_4 = 1$ について計算しても $y = -3/16$ となり，同じ値を得る。したがって，SAR 型 A/D 変換器のときにも述べた冗長性を採用して，判定誤りを訂正していることがわかる。

パイプライン型 A/D 変換器は中速から高速領域で高分解能が得られる A/D 変換器として，従来から広く利用されてきた。最近では，タイムインターリーブ化してさらに高速性能が改善された例も報告されている。例えば，8 個の 12 ビット分解能のパイプライン型 A/D 変換器を並列で動作させ，サンプリングレート 10 GS/s を得た例[56]などが報告されている。一方で，分解能が低い領域では SAR 型 A/D 変換器と競合し，低消費電力化の点では見劣りする。また，高分解能領域では，後述する $\Delta\Sigma$ 型 A/D 変換器と競合するが，高速動作の点で優っているといえる。増幅器を用いていることが消費電力削減のネックになっており，微細化の進展で高性能増幅器の設計が困難になる。これに対してダイナミックアンプ[57]やリングアンプ[58]など，従来のオペアンプに代わる新しい増幅器の研究も進んでいる。これらの増幅器については 7.2 節で説明する。

5.7 積分型と時間領域型

これまでアナログ入力信号は電圧値であることを想定してきた。与えられたフルスケールの電圧をどこまで細かく分解できるかで，ビット分解能は決まっていた。フルスケール電圧は数 V であるため，10 ビットでは数 mV，20 ビットでは数 μV 精度で信号を分解する必要がある。一方，近年のデジタル集積回路技術は低電源電圧化が進んでいる。A/D 変換器もそれに合わせるとすれば，利用可能な電圧振幅が減少するわけで，高ビット分解能化はしだいに難しくなっていくと予想せざるを得ない†。これに対して，近年，時間軸の利用が注目を集

---

† スタンドアローンの A/D 変換器を利用する場合には電源電圧を自由に選べるし，マイクロコントローラに埋め込んで使う場合でも A/D 変換器用に昇圧電源回路を使うことが可能である。しかし，これらはシステム構成を複雑化させ，コスト削減を困難にする。

めている．電圧値を時間の長さに変換し，それをデジタル的に測定する手法である．素子の微細化に伴い動作速度も飛躍的に向上しているため，高い時間分解能が期待できることから，スケールダウンの潮流とは整合性の良い技術と考えられている．電圧軸での量子化ではなく，サンプリングとは別の意味での，時間軸での量子化である．

この節では，時間領域を利用する A/D 変換器について説明する．まず，高速ではないが優れた分解能を持つ A/D 変換器として古くから知られている積分型について説明する．次いで，**時間/デジタル変換**（time-to-digital conversion, **TDC**）を利用した A/D 変換器について説明する．

5.7.1 積　分　型

積分型 A/D 変換器のブロック図とタイミング図を図 **5.46** に示す．V_start によってランプ波発生器が作動し，同時に発振器からのパルスをカウンタで数え始める．ランプ波発生器はオペアンプを用いた積分回路になっていて，入力 V_in に比例する電流で容量 C を充電する．言い換えると，入力信号を積分しているため，積分型と呼ばれている．ランプ波出力と参照電圧 V_ref がコンパレータの入力になっており，時刻 t_1 で V_ref よりランプ波が大きくなると，コンパレータ出力が切り替わり，パルスのカウントを止める．ランプ波出力 V_x の時間変化は

$$\frac{dV_x}{dt} = \frac{1}{C}\frac{dQ_x}{dt} = \frac{1}{C}\frac{V_\text{in}}{R} \tag{5.18}$$

と書ける．その初期値を 0 V とすれば

$$V_x = \frac{V_\text{in}}{CR}t \tag{5.19}$$

であるから，これが V_ref と等しくなる時刻を t_1 とすると

$$V_\text{ref} = \frac{V_\text{in}}{CR}t_1 \tag{5.20}$$

となる．一方，発振器の周波数があらかじめわかっているとすれば，0 から t_1 までのカウンタで測定したパルス数から t_1 を求めることができる．また，V_ref

5.7 積分型と時間領域型　167

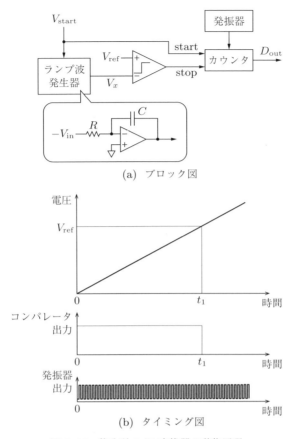

(a) ブロック図

(b) タイミング図

図 5.46　積分型 A/D 変換器の動作原理

と R, C は既知であるから，式 (5.20) より V_in に相当するデジタル出力を得ることができる。

図 5.46 ではランプ波の発生に負の入力電圧 $-V_\text{in}$ を用いたが，図 5.47 に示す回路[59] を用いれば，電流源 I_1 としてカレントミラー回路を利用することで負電源は必要なくなる。いずれの場合でも，ランプ波の線形性が分解能を決めるため，注意を要する。例えば，図 5.47 では，電流経路の MOSFET のソース－ドレイン間の電圧が，ランプ波発生に伴い変化する。そのため，一定電流で容量を充電するためには，出力インピーダンスを可能な限り大きくする必要が

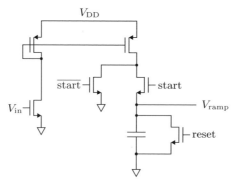

図 5.47 ランプ波発生回路

ある．

式 (5.20) にはランプ波発生回路の抵抗と容量が含まれることに注意する．入力信号の相対的な違いを計測する目的で使用する場合はよいが，絶対精度を問題にする場合には，抵抗と容量の絶対値を正確に制御する必要がある．通常の CMOS プロセスでは 10% 程度以上の誤差は避けられない．この問題を解決した積分型 A/D 変換器のブロック図と動作の説明を図 5.48 に示す．まず，V_{start} により，傾きが V_{in} に比例するランプ波を発生させる．一定時間 T_1 の経過後，ランプ波発生を停止させ，停止時の電圧を初期値として，V_{ref} に比例する負で一定の傾きを持つランプ波を発生させる．同時にパルスのカウントを開始する．ランプ波発生器の出力が 0 になるときをコンパレータで判定しカウントを停止する．負の傾きを持つランプ波の初期値は入力電圧の大きさに比例する．一方で負の傾きは一定であるから，0 になるまでの時間は入力の大きさに比例するため，そのカウント数が入力値を表すと考えてよい．

ランプ波発生に図 5.46 で示した回路を使うとすると，初めは R の左端子に $-V_{\text{in}}$ を接続し，T_1 後にそれを V_{ref} に切り替えればよい．このとき，T_1 より前のランプ波電圧は

$$\frac{V_{\text{in}}}{R} = I = \frac{dQ}{dt} = C\frac{dV}{dt} \tag{5.21}$$

と表すことができる．T_1 で蓄積された電荷を完全に放電するために必要な時間

5.7 積分型と時間領域型　169

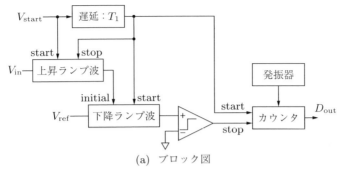

(a) ブロック図

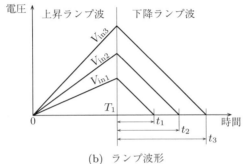

(b) ランプ波形

図 **5.48**　デュアルスロープ積分型 A/D 変換器

を t_x とすると

$$\frac{V_{\text{in}}}{RC}T_1 = \frac{V_{\text{ref}}}{RC}t_x \tag{5.22}$$

が成立する。したがって

$$t_x = \frac{V_{\text{in}}}{V_{\text{ref}}}T_1 \tag{5.23}$$

が得られる。カウンタで測定した時間 t_x は V_{in} と V_{ref} だけで決まっていて，抵抗と容量の値には依存しないことが重要な点である。同じ容量と抵抗を使い充放電を行っていることによる。これは，これらの絶対精度が変換精度に影響しないことを意味する。この方式をデュアルスロープ積分型 A/D 変換器と呼ぶ。これに対して図 5.46 で示したものをシングルスロープ積分型 A/D 変換器と呼び，区別する。

他のA/D変換器方式と比較して，積分型A/D変換器の構成には多くの回路ブロックを必要としないため，専有面積も小さいことが特徴である。そのため，イメージセンサのカラムA/D変換器として利用される。これは，ピクセルからの信号をデジタル化するために，ピクセルマトリックスのカラム（列）ごとにつけるA/D変換器が多数必要になることから，小面積の利点が生きる例である。

積分型A/D変換器では，積分時間を長くすることで高ビット分解能が実現できる。しかし，そのためには多くのパルスをカウンタで数える必要がある。例えば20ビット分解能を得るためには，2^{20}（$\approx 10^6$）個のパルスが必要になる。発振器の周波数が1 GHzだとすると，最も長くておよそ10^{-3}秒かかることになる。これはサンプリング周波数の上限が1 kHzであることを意味する。他方式と比較して非常に遅い。したがって，高分解能化には向いているが，サンプリング周波数がきわめて限られることに注意する。これを改良するため，他の方式と組み合わせたハイブリッド構成も検討されている。

積分型A/D変換器では，信号を一定時間だけ積分した値をデジタル化しているため，他のA/D変換器にはない特徴がある。もし雑音が混入しても，その周期が積分時間と同じ，またはその整数分の1だと，サンプリングした値につねに一定値が加わるだけなので，事実上，その影響を無視することができる。例えば，サンプリング周波数を商用電源周波数の整数倍にすることで，商用電源に起因する雑音の影響を排除できる。

5.7.2 時間領域型

前項で説明した積分型では，電圧を時間情報に変換するためにアナログ回路を利用した。ここでは，デジタル回路で構成された信号遅延線を利用して電圧を時間領域で表現し，それをデジタルに変換する方式のA/D変換器について説明する。時間をデジタル値に変換する回路は，**時間/デジタル変換器**（time-to-digital converter, **TDC**）と呼ばれている。

インバータ（NOT回路）を用いた信号遅延線の例を**図5.49**に示す。左端か

5.7 積分型と時間領域型

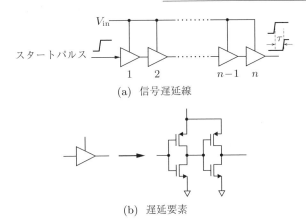

(a) 信号遅延線

(b) 遅延要素

図 5.49 インバータを用いた信号遅延線と遅延要素

らスタートパルスを入力すると，それぞれの遅延要素を通過した後に時間 τ だけ遅れてパルスが出力される．インバータの信号遅延時間は電源電圧に依存していて，電源電圧が高ければ遅延時間が短くなる．いまの場合，電源電圧としてアナログ入力 V_in を用いているため，V_in が大きければ τ は短くなり，V_in が小さければ τ は長くなる．そこで，スタートパルスを入力してから一定時間が経過した後，パルスがどこまで進んだかを調べれば，V_in を測定できることになる．

遅延線は短い時間を測定するにはよいが，τ より長い時間の測定はできない．奇数個のインバータをリング状に接続したリング発振器を利用して，0 と 1 の境界が何周するかを数えれば，τ より長い時間の測定も可能になる．しかし，図 5.49 で示した遅延線では，入力 V_in を電源に用いているため，入力許容範囲を広くすることができない．より広い範囲の V_in に対応できる**電圧制御発振器**（voltage-controlled oscillator, **VCO**）として**図 5.50** に示す**カレントスターブ**（current starved）**VCO**[14] と呼ばれるリング発振器が知られている．M_2 と M_3 は通常のリング発振器の一部を構成している．M_1 と M_4 はリング発振器に流れる電流を決める電流源で，その値は M_5 と M_6 からなるカレントミラーを介して入力 V_in により決まる．V_in が大きくなると，リング発振器に流れる電

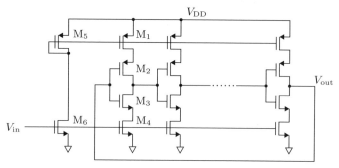

図 5.50 カレントスターブ電圧制御発振器

流が増加し,次段の負荷容量の充放電時間が短くなり,発振周波数が高くなることから,V_{in} に相当するデジタル値を求めることができる。

時間領域 A/D 変換器で用いられるリング発振器の例[60] を図 5.51 に示す。この回路では,start 信号が HIGH の間は通常のリング発振器として動作する。start 信号が LOW になると,V_1 が HIGH になり,それが V_{16} まで一巡して,すべてのノードが HIGH になり発振は停止する。すなわち,発振器はリセット状態になる。したがって,つねに同じ状態からカウントを開始することができるという特徴がある[†]。

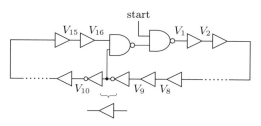

図 5.51 時間領域 A/D 変換器で用いられる
リング発振器の例

VCO を用いた時間領域 A/D 変換器のブロック図[62] を図 5.52 に示す。リング発振器を信号が何周したかを数えるカウンタのほかに,0 と 1 の境界の位

[†] リセットをしないと,量子化誤差がつぎのサンプル値に引き継がれ,1 次のノイズシェイピング効果が得られる[61]。

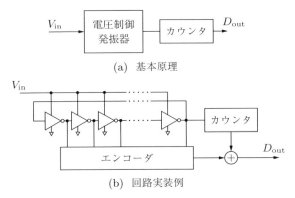

図 5.52 時間領域 A/D 変換器のブロック図

置を知るためのエンコーダがあり，両者から，信号が何周と何分の1回ったかを測定し，それをデジタル出力に反映させる。時間領域 A/D 変換器で注意を要する点として，VCO の入力電圧と発振周波数の関係に非線形性が存在することが挙げられる。この影響を回避するために，入力電圧範囲を線形性の良い部分だけに限ることや，あらかじめ測定した非線形性を使ってデジタル値を補正することなどの対策が講じられている。

5.8 タイムインターリーブ型

微細化技術の進展により，複数の A/D 変換器を Si 基板上に配置し，マルチコアプロセッサのように並列的に動作させることが可能になった。それがタイムインターリーブ型 A/D 変換器[63]である。例えば，高速動作には適さなかった SAR 型 A/D 変換器を用いて，アナログ信号を並列処理することで，パイプライン型 A/D 変換器やフラッシュ型 A/D 変換器に匹敵する高速動作が可能になりつつある。

タイムインターリーブ型 A/D 変換器のブロック図を**図 5.53** に示す。この例ではサブ A/D 変換器を4個使っているため，4チャネルタイムインターリーブまたは4ウェイタイムインターリーブと呼ばれる。サンプリングされた入力値

174   5. ナイキスト型 A/D 変換器

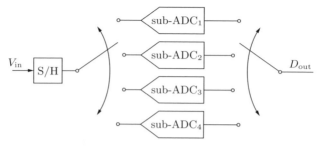

図 5.53 タイムインターリーブ型 A/D 変換器のブロック図

は，sub-ADC$_1$ から sub-ADC$_4$ に順に送られ，A/D 変換される．S/H 回路とデータを振り分けるスイッチは，サンプリング周波数で動作させる必要がある．これに対して，サブ A/D 変換器は，サンプリング周波数の 1/4 のレートで動作できればよい．言い換えれば，4 チャネル化でサンプリング周波数を 4 倍にできることになる．実際，160 個の SAR 型 A/D 変換器を用いて，サンプリング周波数 24 GS/s の 6 ビット・タイムインターリーブ型 A/D 変換器を実現した例[64]もある．

タイムインターリーブ型 A/D 変換器における問題点は，各チャネルの特性の間でミスマッチ（不揃い）があると，入力信号とは異なる周波数を持つ，スプリアスと呼ばれる信号が出力に混入することである．ミスマッチには，オフセット，ゲイン，サンプリングタイミングなどが考えられる．以下ではその影響を順に説明する．説明のため，極端に大きなミスマッチを仮定する．実際のミスマッチはこれよりはるかに小さいが，スプリアスの性質は変わらない．

4 チャネルタイムインターリーブ型 A/D 変換器におけるオフセットミスマッチを図 5.54 に示す．入力は周波数 f_{in} の正弦波とする．1 番目のチャネルから 4 番目のチャネルまで，◇，□，△，×の順で出力されている．4 番目のチャネルに 4 LSB のオフセットがあると想定している．A/D 変換器全体のサンプリング周波数を f_s とすると，周期 $4/f_s$ ごとに 4 番目のチャネルの値が出力されるため，そのタイミングで量子化誤差が他チャネルからの出力と比較して大きくなる．これは周期 $4/f_s$ の基本波とその高調波が，元の信号に重なっていると解

5.8 タイムインターリーブ型　175

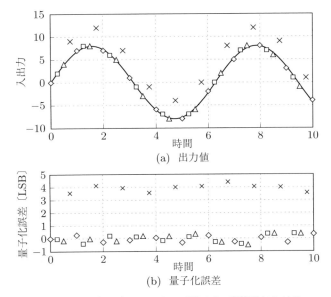

図 5.54　タイムインターリーブ型 A/D 変換器における
オフセットミスマッチ

釈できる．周波数領域で考えると，$f_s/4$ とその整数倍の周波数でピークが現れることになる．一般に N チャネルでは，f_s/N とその整数倍の周波数でピークが現れることになる．

　4 チャネルタイムインターリーブ型 A/D 変換器におけるゲインミスマッチを図 5.55 に示す．オフセットの場合と同様に，1 番目のチャネルから 4 番目のチャネルまで，◇, □, △, × の順で出力されていて，4 番目のチャネルのゲインが他チャネルの 1.5 倍であると想定している．この場合，信号振幅が大きくなると量子化誤差も大きくなることがわかる．$4/f_s$ の時間間隔で，大きさが周期 $1/f_{in}$ で変化する正弦波信号が重なった波形になっていることがわかる．量子化誤差を表す図では，オフセットがあるときの誤差が，周波数 f_{in} で振幅変調されていると考えることができる．したがって，周波数領域で考えると，$f_s/4$ とその整数倍の周波数のピークの前後で，$\pm f_{in}$ だけ離れた位置にピークが現れることになる．

176   5. ナイキスト型 A/D 変換器

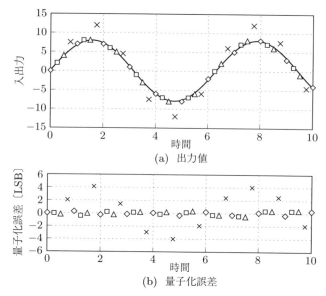

図 **5.55** タイムインターリーブ型 A/D 変換器における
ゲインミスマッチ

　4 チャネルタイムインターリーブ型 A/D 変換器におけるタイミングミスマッチを図 **5.56** に示す。4 番目のチャネルのサンプリングのタイミングが他チャネルと比較して遅れたと仮定している。図の記号はこれまでと同様である。量子化誤差の変化の様子はゲインミスマッチのときと同様で，周波数領域で考えると，$f_s/4$ とその整数倍の周波数でピークの前後の $\pm f_{in}$ だけ離れた位置にピークが現れることになる。ただし，信号変化率が大きいときに，タイミングミスマッチによる誤差への影響が大きくなるため，正弦波が 0 を横切る時刻で誤差が大きくなる。すなわち，ゲインミスマッチの場合と比較して，位相が $\pi/2$ だけずれていることになる[†]。

　以上をまとめて，4 チャネルタイムインターリーブ型 A/D 変換器におけるスプリアスを図 **5.57** に示す[15]）。

　スプリアスは雑音成分と見なせるため，それが大きいと SNR が劣化する。タ

[†]　位相変調に相当する。

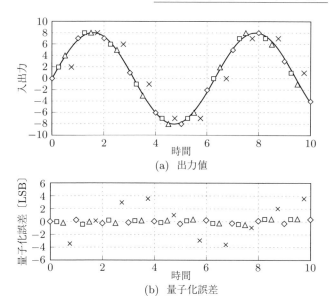

図 5.56 タイムインターリーブ型 A/D 変換器における
タイミングミスマッチ

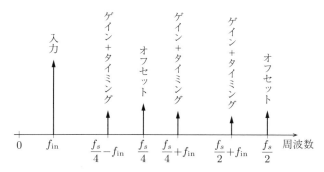

図 5.57 タイムインターリーブ型 A/D 変換器における
スプリアス（4 チャネルの場合）

イムインターリーブ型 A/D 変換器における SNR の入力周波数依存性の模式図を図 5.58 に示す[65]。ゲインミスマッチとタイミングミスマッチは周波数領域では同じ周波数でピークを持つが，ピーク強度の入力周波数依存性が異なる。前者は一定であるが，後者は入力周波数とともにピーク強度が増加し，SNR は

5. ナイキスト型 A/D 変換器

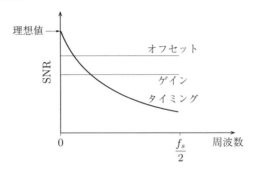

図 5.58 タイムインターリーブ型 A/D 変換器における SNR の入力周波数依存性

劣化する。これを利用すれば，両者を区別することができる。ここでは説明しなかったが，各チャネルで周波数特性が異なると，周波数に依存するスプリアスが現れるため注意する。

6 オーバーサンプリング型 A/D 変換器

　本章では，ナイキストレートより高いサンプリング周波数で動作する A/D 変換器，特に $\Delta\Sigma$ 変調器を用いた $\Delta\Sigma$ 型 A/D 変換器について述べる。まず，前章で説明したナイキスト型 A/D 変換器と対比させながら，その基本的な考え方を説明する。次いで，よく利用されている $\Delta\Sigma$ 変調器について，その構成法と特徴を説明する。最初に，基本となる 1 次および 2 次 $\Delta\Sigma$ 変調器について，つぎに高性能化を目指した多段，多ビット，連続時間の各 $\Delta\Sigma$ 変調器について説明する。さらに，$\Delta\Sigma$ 型 A/D 変換器を構成する上で必要なデシメーションフィルタ，$\Delta\Sigma$ 変調器を用いた D/A 変換器についても簡単に述べる。

　本章の内容に関してさらに詳細を理解したい読者は，巻末に示した文献 11), 12), 66), 67) を参照していただきたい。なお，近年，センサ用途で注目されているインクリメント型 A/D 変換器は，ここで説明する $\Delta\Sigma$ 型 A/D 変換器を基本にしているが，説明は文献 68) に譲り，本書では割愛する。

6.1 基本的な考え方

　ナイキスト型 A/D 変換器では，サンプリングした入力信号強度を量子化してデジタル出力を得る。5 章で説明したように，高い分解能を得るためにさまざまな工夫がなされてきたが，回路の非線形性や素子特性のミスマッチなど，アナログ回路における非理想的な要因で分解能が低下してしまう場合も多い。ナイキストレートより高いサンプリング周波数を用い，その限界の打破を目指し

て開発が進められてきたのが，オーバーサンプリング型 A/D 変換器である．言い換えると，アナログ回路の弱点を，高速サンプリングとデジタル信号処理手法で補強したもので，微細化 CMOS 技術との相性が良いため，近年，特に注目されている A/D 変換方式の一つである．

図 6.1 は，オーバーサンプリング型 A/D 変換器の典型的なブロック図を，ナイキスト型 A/D 変換器と比較しながら示している．図 (a) にはナイキスト型 A/D 変換器の代表例として逐次近似（SAR）型 A/D 変換器のブロック図を示す．図 5.18 で示したものと基本的には同じである．5.4 節で説明したように，D/A 変換器（DAC）の出力が入力アナログ値 $V_{\text{in}}(t)$ と等しくなるよう

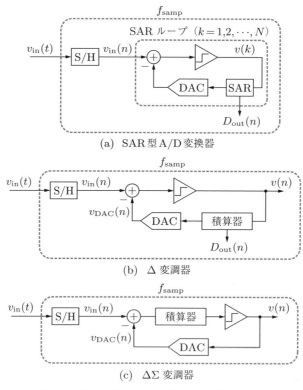

図 6.1 逐次近似（SAR）型 A/D 変換器および
　　　 Δ 変調器，ΔΣ 変調器のブロック図

に，逐次近似ループが機能する．SAR ループを N 回繰り返すことで，N ビット出力 $D_{\mathrm{out}}(n)$ が得られる．周波数 f_{samp} でサンプリングされた n 番目の入力 $v_{\mathrm{in}}(n)^{\dagger}$ とデジタル出力 $D_{\mathrm{out}}(n)$ とは，1 対 1 に対応する．

図 6.1 (b) には，オーバーサンプリング型 A/D 変換器の一例として Δ 変調器のブロック図を示す．図 (a) のナイキスト型と違い，SAR ループの繰り返しの代わりに，積算器を用いてコンパレータ出力を順次積算し入力にフィードバックする．入力波形，および，それに対応するコンパレータ出力と D/A 変換器出力の例を**図 6.2** に示す．図 (a) のように，ここではコンパレータ出力 $v(n)$ として $\pm\Delta$ を仮定した．したがって，それらを積算した D/A 変換器出力 $v_{\mathrm{DAC}}(n)$ は，図 (b) に示すようにステップ幅 Δ でアナログ入力に追従する．入力が増加するとき，コンパレータ出力には Δ が，減少するとき $-\Delta$ が，それぞれ高い頻度で現れる．その頻度は変化率が大きいほど高い．また，入力変化が小さ

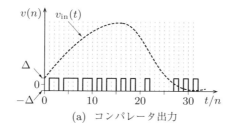

(a) コンパレータ出力

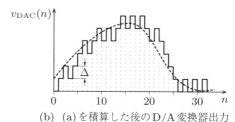

(b) (a)を積算した後のD/A変換器出力

図 **6.2** Δ 変調器の入出力波形の例

---

† 前章までは入力電圧を大文字で V_{in} と表していたが，この章では，慣習に従い z 変換した信号を大文字で $V(z)$ などと表すこととし，それと区別するために時間領域での信号は小文字を用いて表すことにする．

いときには Δ と $-\Delta$ が交互に現れる。判定結果を積算した値 $v_{\mathrm{DAC}}(n)$ と入力 $v_{\mathrm{in}}(n)$ との差分をとることから，Δ 変調器と呼ばれる。

　Δ 変調方式で高分解能化を図るためにはどうしたらよいかを考えよう。図 6.2 からは，Δ を小さくすればステップ幅が減少し，高分解能化に役立つように見える。しかし，$v_{\mathrm{DAC}}(n)$ の変化率が $\pm\Delta$ に限定されているため，急激な入力信号変化に対して出力信号が追従できなくなる。追従性を確保するためには，サンプリング周波数を上げる必要がある。図 6.2 において，時間軸方向の刻み幅を小さくすることに相当する。そのとき，たとえ Δ を一定にしたままでも，多数の出力値を平均化することで変換誤差を小さくできる。出力 $v(n)$ はデジタル値のため，デジタルフィルタを使った高精度の平均化が可能である。言い換えれば，高サンプリングレートとデジタル処理を併用することで，詳細は以下で説明するが，分解能の改善が可能になる。

　ナイキスト型と異なり，オーバーサンプリング型 A/D 変換器では，個々の入力サンプル値と出力とは 1 対 1 に対応していないことに注意する。オーバーサンプリングにより信号変化履歴を蓄積し，それをダウンサンプリングすることで高い分解能のナイキストレート出力を得る。入力信号に対するサンプリング周波数とナイキストレートとの比を**オーバーサンプリング比**（oversampling ratio, **OSR**）と呼び，通常 10 から 1000 程度の値を用いる。

　Δ 変調器の構成で注意すべき点は，図 6.1 (b) のように，フィードバック経路に D/A 変換器が入っていることである。積算器の出力は必然的に多ビットであり，D/A 変換器に 4 章で説明した非線形性があると変換性能が劣化する。なぜなら，D/A 変換器の出力は直接信号に作用する部分であり，その非線形性は本来の信号成分と分離できないためである。この問題を解決したのが，図 6.1 (c) の $\Delta\Sigma$ 変調器である。この図でもフィードバック経路に D/A 変換器が入っているが，図 (b) との違いは，D/A 変換器に必要とされる分解能にある。この場合の D/A 変換器への入力はコンパレータ出力であり，これは 1 ビットのため非線形性は発生しない。二つの値をつなぐ線は必ず直線になるからである。このため，今日のオーバーサンプリング型 A/D 変換器では，この $\Delta\Sigma$ 変調器が

用いられるのが普通である[†1]。

図 6.1 (c) の $\Delta\Sigma$ 変調器は，図 (b) の Δ 変調器で入力経路にも積算器を追加し，フィードバック経路の積算器と合体させてコンパレータの直前に移動することで得られる。図 6.2 からわかるとおり，Δ 変調器の出力 $v(n)$ は，入力信号の差分に相当する。これに対して，$\Delta\Sigma$ 変調器では入力経路にも積算器があるため，その出力 $v(n)$ は入力信号そのものに相当する。これについては次節で詳しく説明する。ちなみに，$\Delta\Sigma$ 変調器の Σ はこの積算を意味している[†2]。

$\Delta\Sigma$ 変調器を用いたオーバーサンプリング型 A/D 変換器は，これまでに述べた $\Delta\Sigma$ 変調器とそれに続くデシメーション（間引き）フィルタから構成される。その例を図 6.3 に示す。アナログ入力信号 $v_{in}(t)$ は，$\Delta\Sigma$ 変調器で N ビット信号 $v(n)$ に変調される。通常，変調器出力は 1 ビットである。それは，前述のように本質的に線形性が確保されているためである。サンプリング周波数 f_s は，ナイキストレート f_{sNyq} の OSR 倍である。デシメーションフィルタの設計を容易にするため，通常，OSR には 2 のべき乗の値が選ばれる。変調器の出力 $v(n)$ は，デシメーションフィルタでナイキストレートにダウンサンプリング

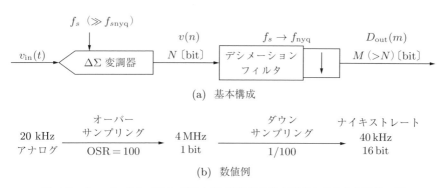

図 6.3 オーバーサンプリング型 A/D 変換器の基本構成と具体的な数値の例

[†1] $\Delta\Sigma$ 変調器でも多ビット出力をフィードバック経路に利用することがある。これについては 6.5 節で説明する。
[†2] この名称については，221 ページのコーヒーブレイクを参照。

されると同時に，ビット幅を M ビットに広げる[†]。デシメーションフィルタでは，ダウンサンプリングしたときに信号帯域に折り返される可能性がある高周波信号成分を十分に減衰させる必要がある。これに関しては 6.7 節で説明する。

オーバーサンプリング型 A/D 変換器の特徴は，図 **6.4** に示すように，信号帯域の量子化雑音を低減化し，分解能を改善できることである。2.2 節で述べたように，通常の量子化雑音は白色である（図 2.21 参照）。信号帯域 f_B の入力信号をナイキストレート $f_{s1}\,(=2f_B)$ でサンプリングしたとき，図 (a) に示すように，雑音パワーは dc から $f_{s1}/2$ の周波数領域で一様に分布する。これに対して，例えばサンプリング周波数を 4 倍の f_{s2} にすると，図 (b) に示すように，雑音パワーは f_{s2} まで広がる。全雑音パワーは一定であるから，信号周波数帯域内の量子化雑音パワーは 1/4 に減少する。一般に，サンプリング周

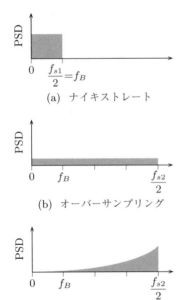

図 6.4 オーバーサンプリング型 A/D 変換器における量子化雑音のパワースペクトル密度（PSD）。ナイキスト型 A/D 変換器における PSD，および，オーバーサンプリング，ノイズシェイピングによる PSD の低減化。

[†] $\Delta\Sigma$ 変調器および $\Delta\Sigma$ 型 A/D 変換器のビット分解能は，このビット幅ではなく，後述するように，出力信号のスペクトルから求めた信号対雑音比（SNR），またはこれから求めた有効ビット数（ENOB）で表される場合が多い。

波数をナイキストレートの OSR 倍すると雑音パワーは 1/OSR になるため，SNR は

$$\mathrm{SNR} = 10\log\frac{S}{N/\mathrm{OSR}} = 10\log\frac{S}{N} + 10\log\mathrm{OSR} \ \mathrm{[dB]} \tag{6.1}$$

と表すことができる．サンプリング周波数を 2 倍にするごとに，SNR を 3 dB だけ改善できることになる．有効ビット数（ENOB）では 0.5 ビットに相当する．

さらに，$\Delta\Sigma$ 変調器を用いたオーバーサンプリング型 A/D 変換器では，図 (c) に示すように，低周波領域の量子化雑音を高周波領域に移すことができる．これは雑音の周波数分布を別な形に変化させるという意味で，**ノイズシェイピング**（noise shaping）と呼ばれている．詳細は次節以降で説明するが，図 6.1 (c) に示したように，フィードバックループの中に用いた積算器に着目すると，その理由を直感的に理解できる．ループゲインが大きい負フィードバック系では，入力信号とフィードバック信号は一致するという性質がある．$\Delta\Sigma$ 変調器も負フィードバック系であり，さらに積算器がローパスフィルタであることを考えると，ゲインが大きい低周波領域では入力と一致した出力が得られる．すなわち，量子化雑音は小さい．これに対して高周波領域ではゲインが小さいため，入力と出力の一致度合いが低く，量子化誤差が大きくなる．これは，図 6.4 (c) に示すノイズシェイピング特性にほかならない．

ナイキスト型と比較して，オーバーサンプリング型では，アンチエリアシングフィルタ特性に対する要求条件が緩和できるというメリットがある．その様子を**図 6.5** に示す．図で f_B は信号帯域であり，f_{s1} および f_{s2} は，それぞれナイキスト型とオーバーサンプリング型のサンプリング周波数である．図 (a) では，折り返された信号成分が元の信号成分と接近して存在するため，それらが混じらないように，アンチエリアシングフィルタには急峻な遮断特性が必要とされる．それに対して，図 (b) に示すオーバーサンプリングの場合は，折り返された信号が離れて存在するため，フィルタの遮断特性が図 (a) と比較して緩やかでもまったく問題ない．このため，フィルタ設計の負担が大幅に軽減される．

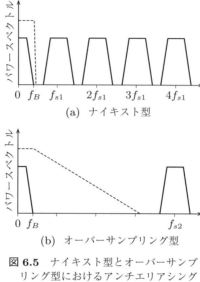

図 **6.5** ナイキスト型とオーバーサンプリング型におけるアンチエリアシングフィルタの特性

6.2　1次ΔΣ変調器

1次 ΔΣ 型 A/D 変換器のブロック図を図 **6.6** に示す[†]。図 (a) は図 6.1 (c) の再掲である。図 (b) は 1 クロック分の遅延要素 z^{-1} を使って積算器を書き直したものである。以降，この部分を積分器と呼ぶことにする。フィードバック信号に含まれる $y(n)$ と積分器内の戻り信号の $y(n)$ とは打ち消し合うことに注意する。また，この図では，コンパレータを線形化して表示した（図 2.20 参照）。本来，量子化誤差 $e(n)$ は入力信号に依存するが，このモデルでは確率変数に置き換えている。図 (b) から

$$v(n) = u(n-1) + e(n) - e(n-1) \tag{6.2}$$

が成り立つことがわかる。量子化誤差が $e(n) - e(n-1)$ のように，1 回前の量

[†] デシメーションフィルタは省略した。

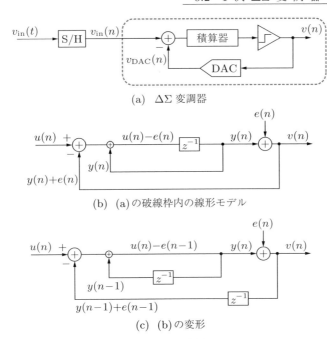

図 6.6 1次 ΔΣ 型 A/D 変換器のブロック図

子化誤差との差で表されるのが，1次 ΔΣ 変調器の特徴である．図 (c) は図 (b) の遅延要素の位置を変えたもので，この場合は

$$v(n) = u(n) + e(n) - e(n-1) \tag{6.3}$$

が成り立つ．

　直感的な理解を容易にするため，dc 入力（= 0.3）に対する各ノードの信号変化の様子を**図 6.7** に示す．出力 $v(n)$ は量子化された出力値 ±1 で，図 (c) に示したように，n を増加させるとその平均は入力値 0.3 にしだいに近づくことがわかる．コンパレータへの入力 $y(n)$ は

$$\begin{aligned} y(n) &= u(n-1) - e(n-1) \\ &= y(n-1) + u(n-1) - v(n-1) \\ &= \cdots \end{aligned}$$

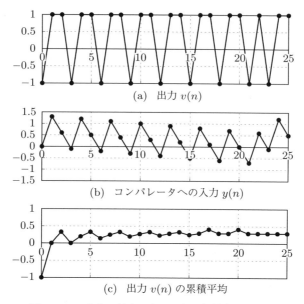

図 **6.7** dc 入力に対する各ノードの信号変化の様子

(a) 出力 $v(n)$

(b) コンパレータへの入力 $y(n)$

(c) 出力 $v(n)$ の累積平均

$$= y(0) + \sum_{k=0}^{n-1}(u(k) - v(k)) \tag{6.4}$$

を満足する.一方,$y(n)$ は有界であるから,$(y(n) - y(0))/N$ は N が無限大のとき 0 になる.これらを用いると,$u(n)$ の平均は

$$\begin{aligned}
\bar{u} &= \lim_{N \to \infty} \frac{1}{N} \sum_{k=0}^{N} u(k) \\
&= \lim_{N \to \infty} \frac{1}{N} \left[y(n+1) - y(0) + \sum_{k=0}^{N} v(k) \right] \\
&= \lim_{N \to \infty} \frac{1}{N} \sum_{k=0}^{N} v(k)
\end{aligned} \tag{6.5}$$

と表すことができる.すなわち,一定入力に対しては出力を平均することで,原理的には,いくらでも高い精度で入力値を求めることができることがわかる.

フィードバック系では安定性の評価が重要である.コンパレータからのフィードバック信号を ± 1 とすると,入力が $|u(n)| < 1$ である限り系は安定であるが,

この範囲外では正常な動作をしなくなる。例えば1.1が連続的に入力されると，−1がつねにフィードバックされたとしても，積分器出力が限りなく増大してしまう。また，入力が1/2などのように簡単な整数比で表される場合，出力に周期的変化が現れる。これはアイドルトーンと呼ばれる。

正弦波入力に対する1次 $\Delta\Sigma$ 変調器のシミュレーション波形を**図 6.8**に示す。ここでは $\Delta\Sigma$ 変調器のデジタル出力を $\pm 0.5\,\mathrm{V}$ で表している。dc 入力の結果から類推できるように，入力信号が大きいと HIGH（$0.5\,\mathrm{V}$）の出力頻度が高くなり，入力信号が小さいと LOW（$-0.5\,\mathrm{V}$）の出力頻度が高くなることがわかる。

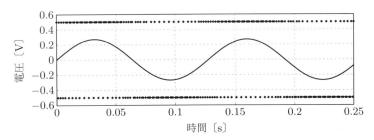

図 6.8 1次 $\Delta\Sigma$ 変調器の出力

線形モデルに基づき，1次 $\Delta\Sigma$ 変調器の雑音パワースペクトル密度を求めてみよう。図 6.6 (b) によれば

$$v(n) = u(n-1) + e(n) - e(n-1) \tag{6.6}$$

である。z 変換すると

$$V(z) = z^{-1}U(z) + (1 - z^{-1})E(z) \tag{6.7}$$

が得られる。一般に，**信号伝達関数**（signal transfer function）STF(z) と**雑音伝達関数**（noise transfer function）NTF(z) を用いて出力を

$$V(z) = \mathrm{STF}(z)U(z) + \mathrm{NTF}(z)E(z) \tag{6.8}$$

と表すことが多い。これらを比較すると，雑音伝達関数として

$$\mathrm{NTF}(z) = 1 - z^{-1} \tag{6.9}$$

が得られる.周波数領域で表示するために,z を $\exp(j2\pi fT_s)$ で置き換えると

$$\begin{aligned}|\mathrm{NTF}(f)| &= |1 - \exp(-j2\pi fT_s)| \\ &= 2\sin \pi fT_s \\ &\cong 2\pi fT_s \end{aligned} \tag{6.10}$$

を得る.すなわち,低周波領域では雑音パワーが周波数とともに 20 dB/dec で増加することがわかる.

量子化雑音の全パワーを e_{rms}^2 とすると,そのスペクトル密度 $S_e(f)$ は

$$S_e(f) = \frac{e_{\mathrm{rms}}^2}{f_s/2} \tag{6.11}$$

と書き表せる.したがって,信号帯域 $[0, f_B]$ 内での雑音パワーは

$$\begin{aligned}\int_0^{f_B} (2\sin \pi fT_s)^2 \frac{2e_{\mathrm{rms}}^2}{f_s} df &\cong \int_0^{f_B} (2\pi fT_s)^2 \frac{2e_{\mathrm{rms}}^2}{f_s} df \\ &= \frac{\pi^2 e_{\mathrm{rms}}^2}{3(\mathrm{OSR})^3} \end{aligned} \tag{6.12}$$

となる.最後の変形では $\mathrm{OSR} = f_s/(2f_B)$ を用いた.この式から,OSR を 2 倍にすると,信号対雑音比(SNR)を 9 dB だけ改善できることがわかる.前節で説明したように,ノイズシェイピングがないときは 2 倍の OSR に対して 3 dB の改善だったので,ノイズシェイピングの効果が大きいことがわかる.1 次 $\Delta\Sigma$ 変調器に正弦波を入力したときのスペクトルのシミュレーション結果を図 6.9 に示す.1 Hz 付近のピークが入力波を表している.上記の解析どおり,雑音パワーは 20 dB/dec で増加することが確認できる.

ここで説明した解析方法は,図 6.6 (b) で示した線形モデルに基づいている.すなわち,コンパレータの非線形性を,確率的に加算される量子化雑音で置き換えている.実際の量子化雑音は入力信号に対して決定論的に決まっている量なので,このモデルはあくまでも近似である.一方,図 6.9 に示したシミュレーション結果は非線形を含んだ結果であり,雑音パワースペクトル密度の傾

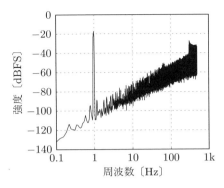

図 6.9 1 次 $\Delta\Sigma$ 変調器のスペクトル。FFT 点数は 16384 個。

きが,解析結果から予測された 20 dB/dec とほぼ一致していることから,線形モデルの妥当性がわかる。しかし,一般に,次数が低い場合や,入力信号周波数とサンプリング周波数が簡単な整数比になる場合には,このモデルが成り立たない場合もあるため,注意が必要である。また,詳細な設計をする上では,非線形性を反映させたシミュレーションが不可欠であることを強調しておく。

1 次 $\Delta\Sigma$ 変調器の回路構成例を図 **6.10** に示す。この回路動作を図 **6.11** で説明する。まず,$v(n)$ が LOW のときを説明する。ϕ_1 はサンプルモードで,C_1

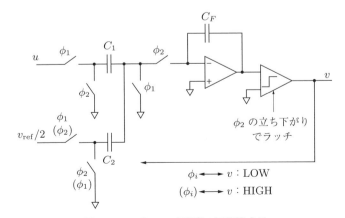

図 6.10 1 次 $\Delta\Sigma$ 変調器の回路構成例

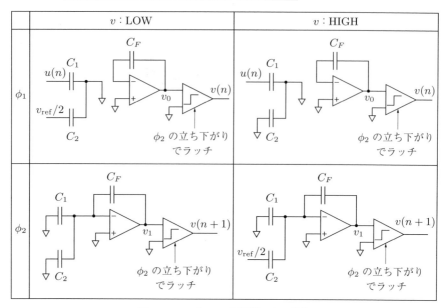

図 6.11 1 次 $\Delta\Sigma$ 変調器回路の動作

と C_2 はそれぞれ $u(n)$ と $v_{\text{ref}}/2$ で充電される。ϕ_2 は積分モードで，オペアンプの反転端子が仮想接地のため，C_1 と C_2 の電荷はすべて C_F に転送される。その結果

$$v_1 = v_0 + \frac{C_1}{C_F}u(n) + \frac{C_2}{2C_F}v_{\text{ref}} \tag{6.13}$$

となる。同様に，$v(n)$ が HIGH のときには

$$v_1 = v_0 + \frac{C_1}{C_F}u(n) - \frac{C_2}{2C_F}v_{\text{ref}} \tag{6.14}$$

となる。いずれの場合も入力に負フィードバックが加わり，前回の積算結果 v_0 に加算されていることがわかる。

　回路実装にあたっては，積分器に使用するオペアンプのゲイン A が有限であることを考慮する必要がある。$A > \text{OSR}$ のとき，雑音伝達関数への影響は無視できることが知られている。積分器（積算器）に「漏れ」がある場合，入力の絶対値が $1/2A$ より小さいと積分が実行されず，入力が変化しても出力に反

映されない，いわゆるデッドゾーンが出現する．いずれの場合にも，実際に回路を設計する場合には，詳細な回路シミュレーションにより回路性能を予測することが不可欠である．これは，1次 $\Delta\Sigma$ 変調器に限らず，一般の $\Delta\Sigma$ 変調器の回路設計に対してもいえることである．詳細は本書の範囲を超えてしまうため省略するが，興味のある読者はこの章の最初に挙げた文献を参照していただきたい．また，アンプの有限ゲインの影響を相殺する手法として，相関2重サンプリング法[69]があることを記しておく．

6.3　2次$\Delta\Sigma$変調器

2次 $\Delta\Sigma$ 変調器のブロック図を図 **6.12** に示す．図 (a) に示すように，1次 $\Delta\Sigma$ 変調器を量子化器として別の1次 $\Delta\Sigma$ 変調器に組み込むことで，2次 $\Delta\Sigma$ 変調器が得られる．この図から，出力 $v(n)$ は

$$v(n) = u(n-1) + E(n) - E(n-1)$$
$$= u(n-1) + (e(n) - e(n-1)) - (e(n-1) - e(n-2)) \quad (6.15)$$

であることがわかる．最後の項が2次のノイズシェイピングを表している．

dc 入力 ($=0.3$) に対する各ノードの信号変化の様子を図 **6.13** に示す．一見，1次 $\Delta\Sigma$ 変調器の場合と大きな違いはなく，平均値は 0.3 に漸近する．正弦波入力に対する出力のシミュレーション結果を図 **6.14** に示す．これも1次 $\Delta\Sigma$ 変調器と同様，HIGH，LOW の出現頻度が入力波形と対応していることがわかる．

1次 $\Delta\Sigma$ 変調器との違いは，出力スペクトルで明確に表れる．式 (6.15) を z 変換すると

$$V(z) = z^{-1}U(z) + (1-z^{-1})E(z) - (z^{-1} - z^{-2})E(z)$$
$$= z^{-1}U(z) + (1-z^{-1})^2 E(z) \quad (6.16)$$

が得られる．$(1-z^{-1})^2$ が2次 $\Delta\Sigma$ 変調器の雑音伝達関数である．周波数領域

194   6. オーバーサンプリング型 A/D 変換器

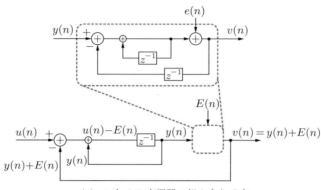

(a) 1 次 ΔΣ 変調器の組み合わせ方

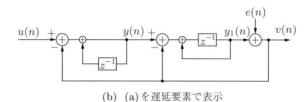

(b) (a)を遅延要素で表示

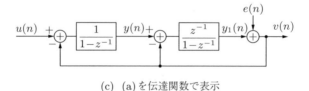

(c) (a)を伝達関数で表示

図 **6.12**　2 次 ΔΣ 変調器のブロック図。1 次 ΔΣ 変調器の組み合わせ方，および，それを遅延要素で表示したものと，伝達関数で表示したもの。

で表示するため，z を $\exp(j2\pi f T_s)$ で置き換えると

$$
\begin{aligned}
|\mathrm{NTF}(f)| &= |1 - \exp(-j2\pi f T_s)|^2 \\
&= (2\sin \pi f T_s)^2 \\
&\cong (2\pi f T_s)^2
\end{aligned}
\tag{6.17}
$$

を得る。すなわち，低周波領域では雑音パワーが周波数とともに $40\,\mathrm{dB/dec}$ で増加することがわかる。1 次 ΔΣ 変調器の値の 2 倍である。2 次 ΔΣ 変調器の

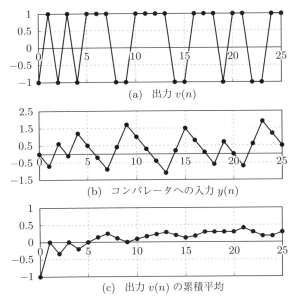

図 6.13　dc 入力に対する各ノードの信号変化の様子

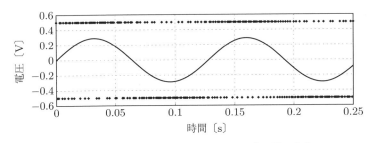

図 6.14　正弦波入力に対する 2 次 ΔΣ 変調器の出力

スペクトルのシミュレーション結果を図 6.15 に示す。

図 6.16 は入力振幅の関数としてビット分解能，すなわち有効ビット数（ENOB）を示した図である。量子化雑音パワーは入力振幅に依存しないため，SNR は 20 dB/dec の割合で振幅とともに増加する．すなわち，式 (2.54) から ENOB はおよそ 3.3 bits/dec で増加することになり，このシミュレーション結果では，ほぼそれと等しい傾きが得られている．入力振幅が小さいほうにプロットを外挿

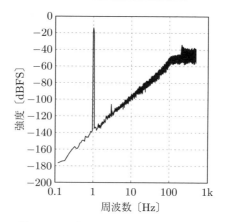

図 6.15 2次 ΔΣ 変調器のスペクトル。FFT 点数は 16384 個。

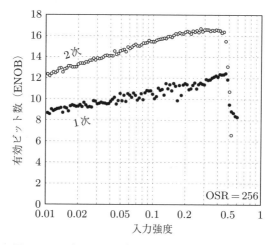

図 6.16 1次および2次 ΔΣ 変調器の DR プロット

すると，ENOB が 0 となる入力振幅から**ダイナミックレンジ**（dynamic range, **DR**）を求めることができるため，このような図は DR プロットと呼ばれている。
1次 ΔΣ 変調器と同様にして，信号帯域内の雑音パワーを求めると

$$\int_0^{f_B} (2\sin \pi f T_s)^4 \frac{2e_{\rm rms}^2}{f_s} df \cong \int_0^{f_B} (2\pi f T_s)^4 \frac{2e_{\rm rms}^2}{f_s} df$$

$$= \frac{\pi^2 e_{\text{rms}}^2}{5\,(\text{OSR})^5} \tag{6.18}$$

となる．この式から，OSRを2倍にすると，信号対雑音比（SNR）は15 dBだけ改善できることがわかる．オーバーサンプリング比（OSR）と有効ビット数（ENOB）の関係を図 **6.17** に示す．1次 ΔΣ 変調器では 1.5 bit/oct の傾き，2次 ΔΣ 変調器では 2.5 bit/oct の傾きであり，OSR とともに ENOB が増加している．式 (2.54) を思い出せば，これらの値は線形モデルから得られた値と一致していることがわかる．

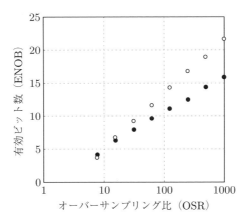

図 **6.17** オーバーサンプリング比と有効ビット数の関係．○と●はそれぞれ2次および1次 ΔΣ 変調器の結果を示す．

2次 ΔΣ 変調器の回路図を図 **6.18** に示す．この回路では，オペアンプの代わりにインバータを用いた積分器を採用し，低消費電力化を図っている．図 **6.19** を用いてインバータ積分器の動作を説明する．ϕ_1 が閉じた，図 (b) に示す回路がサンプルモードであり，C_S の右側電極には電荷 $-C_S v_{\text{in}}$ が蓄えられる．また，C_C の左側電極には，電荷 $-C_C v_1$ が蓄えられる．v_1 はインバータで入力と出力が一致するときの電圧，すなわち論理閾値である．ϕ_2 が閉じた，図 (c) に示す回路が積分モードである．C_C の右側電極がインバータの入力に接続され，この端子は高インピーダンスであるため，C_C に蓄えられた電荷量は変化

198   6. オーバーサンプリング型 A/D 変換器

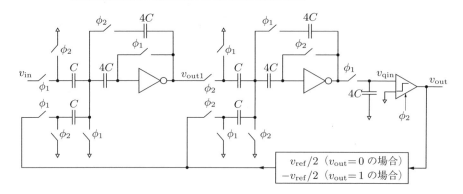

図 **6.18** 2 次 ΔΣ 変調器の回路図

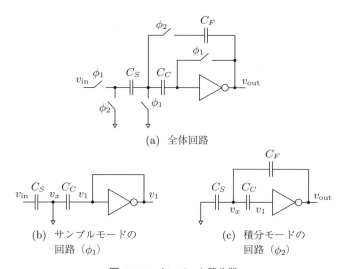

図 **6.19** インバータ積分器

しない。すなわち，C_C の両端の電位差も変化しない。また，インバータのゲインが十分に大きいとすれば，オペアンプの仮想接地と同様に負フィードバックがあるため，インバータ入力端子の電圧は v_1 である。したがって，$v_x = 0$ となり，C_S の右側電極にあった電荷 $-C_S v_\text{in}$ は，すべて C_F の左側電極に転送される。これがそれまで C_F に蓄えられていた電荷に加算されるため，積分動作を実現できることになる。

6.4 多段ΔΣ変調器

2次ΔΣ変調器は，1次ΔΣ変調器と比較して高分解能動作が可能であることを述べた．高次のΔΣ変調器を構成すれば，さらに分解能が上がるものと期待できる．しかし，ΔΣ変調器は基本的にフィードバック系であり，多段オペアンプの設計と同様に，高次化すると不安定化の懸念がある．そこで，1次または2次のフィードバックループを複数用いることで，実効的に高次のノイズシェイピング特性が得られる構成が考案された．本節では，一般的に **MASH** (multistage noise-shaping) **方式**[70]と呼ばれる多段ΔΣ変調器について説明する．

二つの1次ΔΣ変調器で構成したMASH方式ΔΣ変調器を図 **6.20** に示す．$e_1(n)$ が1段目のΔΣ変調器の量子化誤差で，それを2段目のΔΣ変調器の入力とし，デジタルフィルタを介してそれぞれの出力を加算することが特徴である．1段目からの出力 $v_1(n)$ は

$$v_1(n) = u(n-1) + (e_1(n) - e_1(n-1)) \tag{6.19}$$

と書け，2段目からの出力 $v_2(n)$ は

$$v_2(n) = e_1(n-1) + (e_2(n) - e_2(n-1)) \tag{6.20}$$

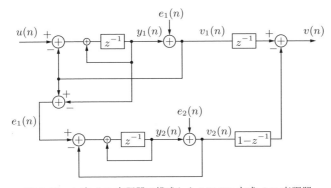

図 **6.20** 1次ΔΣ変調器で構成したMASH方式ΔΣ変調器

と書ける。図に示したデジタルフィルタを用いてこれらを加え合わせると

$$\begin{aligned}v(n) &= v_1(n-1) - (v_2(n) - v_2(n-1)) \\ &= u(n-2) - (e_2(n) - e_2(n-1)) \\ &\quad + (e_2(n-1) - e_2(n-2))\end{aligned} \quad (6.21)$$

となり，式 (6.15) と比較してみると，2 次のノイズシェイピングが実現できることがわかる。

　二つの出力に対するデジタルフィルタは，どのようにして決めるのだろうか。**図 6.21** に，ループフィルタを用いて描いた 2 段 MASH 方式を示す。この図から

$$V_1(z) = L_{10}(z)U(z) + L_{11}(z)V_1(z) + E_1(z) \quad (6.22)$$

すなわち

$$V_1(z) = \frac{L_{10}}{1-L_{11}}U(z) + \frac{1}{1-L_{11}}E_1(z) \quad (6.23)$$

と書ける。したがって，信号伝達関数 $\mathrm{STF}_1(z)$ と雑音伝達関数 $\mathrm{NTF}_1(z)$ はそれぞれ

$$\mathrm{STF}_1(z) = \frac{L_{10}}{1-L_{11}} \quad (6.24)$$

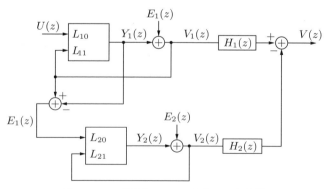

図 **6.21**　一般的な MASH 方式 $\Delta\Sigma$ 変調器

$$\mathrm{NTF}_1(z) = \frac{1}{1 - L_{11}} \tag{6.25}$$

と求まる.これらを用いて,二つの $\Delta\Sigma$ 変調器の入出力関係を

$$V_1(z) = \mathrm{STF}_1(z)U(z) + \mathrm{NTF}_1(z)E_1(z) \tag{6.26}$$

$$V_2(z) = \mathrm{STF}_2(z)E_1(z) + \mathrm{NTF}_2(z)E_2(z) \tag{6.27}$$

と書くことができるから,出力 $V(z)$ は

$$\begin{aligned}
V(z) &= H_1(z)(\mathrm{STF}_1(z)U(z) + \mathrm{NTF}_1(z)E_1(z)) \\
&\quad - H_2(z)(\mathrm{STF}_2(z)E_1(z) + \mathrm{NTF}_2(z)E_2(z)) \\
&= H_1(z)\mathrm{STF}_1(z)U(z) + (H_1(z)\mathrm{NTF}_1(z) \\
&\quad - H_2(z)\mathrm{STF}_2(z))E_1(z) - H_2(z)\mathrm{NTF}_2(z)E_2(z)
\end{aligned} \tag{6.28}$$

と求めることができる.したがって

$$H_1(z)\mathrm{NTF}_1(z) = H_2(z)\mathrm{STF}_2(z) \tag{6.29}$$

とすれば,$E_1(z)$ を消去できる.信号伝達関数を 1 と近似すれば

$$V(z) = H_1(z)U(z) - H_1(z)\mathrm{NTF}_1(z)\mathrm{NTF}_2(z)E_2(z) \tag{6.30}$$

が得られる.このとき,雑音伝達関数は $H_1(z)\mathrm{NTF}_1(z)\mathrm{NTF}_2(z)$ である.すなわち,前段と後段の次数を加え合わせたものが全体の次数となる.さらに多段化すれば,原理的には低次 $\Delta\Sigma$ 変調器の安定性を保ったまま,高次のノイズシェイピング特性が得られることになる.

　MASH 方式にはこのほかにもメリットがある.白色に近い量子化雑音を 2 段目の入力として用いているため,周期的な入力のときに起きやすいトーン発生を抑止できる.また,2 段目から入力へのフィードバックがなく,式 (6.29) からわかるように H_2 がハイパス特性を持つため,多ビット出力の量子化器を用いてもその非線形性の影響が少ないことが挙げられる.一方,フィルタのマッチングが不完全だと雑音が漏洩するという問題がある.すなわち,式 (6.29) が

正確に成り立っていないと，初段の量子化雑音を完全に消去することができず，高次のシェイピング特性が得られなくなる。これを防ぐためには，デジタルフィルタとアナログループフィルタの特性を合わせる必要がある。具体的には，アナログ回路において，容量のマッチングと高ゲイン化が必要になることに注意したい。

6.5　多ビット $\Delta\Sigma$ 変調器

6.2 節および 6.3 節で，$\Delta\Sigma$ 型 A/D 変換器を高分解能化するためには，$\Delta\Sigma$ 変調器の OSR を上げることが有効であると述べた。しかし，回路の高速化には限界があるため，広い信号帯域を持つ入力に対しては OSR を十分に高くできず，高分解能化には限界があった。次数を高めることも高分解能化の有効な手段であるが，安定性の問題を避けて通れない。代替策として検討が進められてきたのが，本節で説明する多ビット $\Delta\Sigma$ 変調器である。

2 ビット $\Delta\Sigma$ 変調器のブロック図を図 **6.22** に示す。また，図 **6.23** に，シ

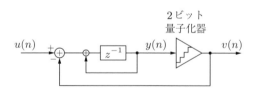

図 **6.22**　2 ビット $\Delta\Sigma$ 変調器のブロック図

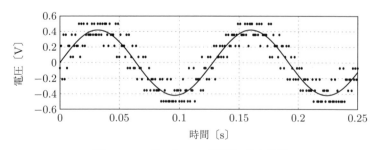

図 **6.23**　3 ビット $\Delta\Sigma$ 変調器の出力波形

ミュレーションで得た3ビット ΔΣ 変調器の出力波形を示す．3ビット（8レベル）の出力信号が得られており，これまでの1ビットと同様に，アナログ信号の大小が反映された出力分布になっていることがわかる．

量子化器を多ビット化することで量子化雑音パワーは減少する．実際，信号対域内の雑音パワーは

$$n_0^2 = \frac{e_{\mathrm{rms}}^2}{\mathrm{OSR}} = \frac{\Delta^2}{12 \cdot \mathrm{OSR}} = \frac{|V_{\mathrm{FS}}|^2}{12 \cdot \mathrm{OSR} \cdot Q^2} \tag{6.31}$$

と書ける．ここで，Δ は量子化間隔，Q は量子化数，V_{FS} はフルスケール電圧である．Q を2倍にすることは，量子化器のビット数を1だけ上げることに相当する．上式は，このとき SNR が 6 dB 改善できることを示している．ENOB に直すと，これは1ビットの改善に相当する．図 **6.24** には，多ビット化によるビット分解能の改善の様子を示す．1次 ΔΣ 変調器，2次 ΔΣ 変調器の両方で量子化器のビット数を上げると，確かに，ほぼ1ビットずつ ΔΣ 変調器全体のビット分解能も改善されることがわかる．

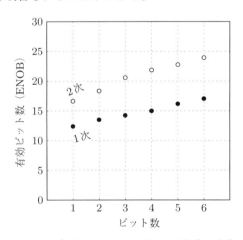

図 **6.24** 多ビット化によるビット分解能の改善

多ビット化することによるメリットとして，さらに，デシメーションフィルタや再構成フィルタの設計条件が緩和できることや，量子化雑音が減少するために変調器の安定性が向上すること，ループフィルタ内のオペアンプスルーレー

トに対する要求条件が緩和されることなどを挙げることができる。また、安定性が向上するため雑音伝達関数の設計に余裕ができ、ぎりぎりまで回路パラメタを追い込むことが可能になることもメリットと考えられる。

一方、解決すべき課題として、フィードバック経路に用いる D/A 変換器の線形性の改善を挙げることができる。非線形性はノイズシェイピングの対象にならず、入力信号に直接影響を及ぼすためである。有効な対策として利用されているのが、**動的要素マッチング**（dynamic element matching, **DEM**）[33]である。その原理を図 6.25 に示す。量子化器の出力が 3 ビットで、フィードバック信号生成のために、7 個の単位電流源を持つ 3 ビット電流切替型 D/A 変換器を使う場合を想定する。例えば、図 6.25 のように量子化器の 3 ビット出力が 101 であったとする。この場合は、7 個の電流源の中の 5 個を選んで出力側に倒せばよい。DEM がない場合は 5 個の選び方は決まっていて、例えばこの図のように下から 5 個選ぶ。電流源にばらつき[†]があると、選び方が同じならいつも同じ値の誤差が発生する。これに対して、DEM では、ランダム化処理により 7 個のうちの 5 個の選び方をサンプリングごとに変える。選ばれる確率がどの電源でも同じだとすれば、ばらつきのために毎回の出力値は異なっていても、時間平均の電流出力は正確な値になる。オーバーサンプリング型ではその効果は大きい。

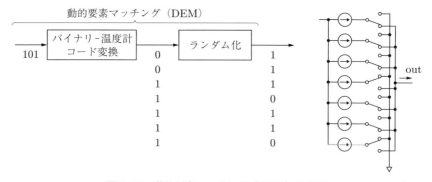

図 **6.25** 動的要素マッチング（DEM）の原理

[†] MOSFET の特性ばらつきに興味がある読者は、古典的な文献である 71) を参照。

多くのランダム化のアルゴリズムが知られており，ツリー型 DEM[72)] は代表的な方法の一つである．図 **6.26** にその例を示す．3 ビット出力に対しては，3 層のスイッチボックスが必要となる．スイッチボックスの二つの出力の合計はその入力に等しく，入力が偶数なら 1/2 ずつが，奇数なら 1 だけ違う値が，それぞれ出力端子に出力される．1 だけ違う値は交互に二つの端子に分配される．出力が 0 から 6 まで変化するときのシミュレーション結果を図 **6.27** に示す．黒丸をつけた電流源から出力電流を取り出す．選ばれる電流源が固定化されず，まんべんなく選択されていることがわかる．DAC ミスマッチ誤差に起因する SNR の劣化と DEM の効果を図 **6.28** に示す．DEM を採用することで，ミスマッチに対する耐性が高くなったことが確認できる．

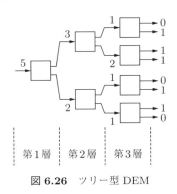

図 **6.26** ツリー型 DEM

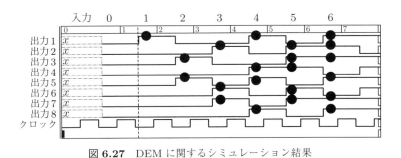

図 **6.27** DEM に関するシミュレーション結果

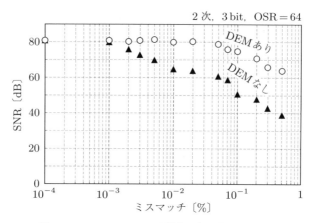

図 6.28 DAC ミスマッチ誤差に起因する SNR の劣化と DEM の効果

6.6 連続時間 ΔΣ 変調器

近年,ΔΣ 型 A/D 変換器の用途が,従来のオーディオから高速通信分野に拡大している。ΔΣ 変調器の信号帯域を拡大すると,高分解能化のために大きな OSR をとることが難しくなる。前節では,低い OSR でも高分解能化が実現できる多ビット方式を説明した。本節では,高速化に適した連続時間回路を採用することで,信号帯域を拡大してもある程度大きな OSR を確保できる技術を説明する。

前節までは,ΔΣ 変調器の回路実装にはスイッチトキャパシタ回路を想定していた。これらの回路では初段に S/H 機能を持ち,それ以降の積分器やループフィルタを含む段では,時間領域で離散化された信号を取り扱っていた。これに対して,量子化器で離散化し,それまでの積分器やフィルタでは連続時間信号を取り扱う ΔΣ 変調器もある。前者を**離散時間**(discrete time,**DT**)型 ΔΣ 変調器,後者を**連続時間**(continuous time,**CT**)型 ΔΣ 変調器と呼び,区別している。3.1.2 項でも述べたとおり,離散時間回路ではサンプリング周期がセ

トリング時間より十分に長いことを想定している．セトリング時間はオペアンプの遮断周波数の数倍を要することを考えると，セトリングが完了するのを待つより，連続時間モードで動作させるほうが高速化が可能であることがわかる．

図 6.29 は，連続時間 ΔΣ 変調器の構成を，離散時間 ΔΣ 変調器と比較しながら示している．図 (d) は図 (c) を数式で表現したものである．すなわち，連

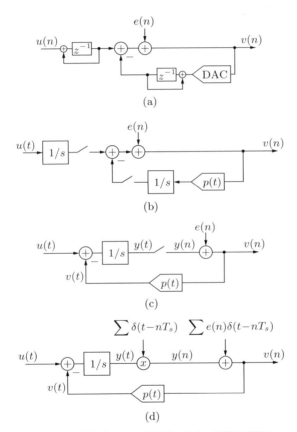

図 **6.29** 連続時間 ΔΣ 変調器の構成。離散時間積分器をフィードバック点の外に出した離散時間 ΔΣ 変調器 (a)，および，離散時間積分器を連続時間積分器で置き換えたもの (b)，連続時間積分器をフィードバックループ内に戻したもの (c)，さらに，(c) のスイッチ記号を数式で表現したもの (d)．

続時間信号 $y(t)$ を周期 T_s でサンプリングした後の値 $y(n)$ は

$$y(n) = \sum_n y(t)\delta(t - nT_s) \tag{6.32}$$

と書ける。A/D 変換器を通過後の離散時間信号 $v(n)$ は，発生する量子化誤差を $e(n)$ とすると

$$v(n) = \sum_n [y(t) + e(n)] \delta(t - nTs) \tag{6.33}$$

と表せる。さらに，D/A 変換器でアナログ信号に戻したときの連続時間信号 $v(t)$ は

$$v(t) = \sum_n v(n)p(t - nTs) \tag{6.34}$$

と書ける。ここで，$p(t)$ は D/A 変換して連続時間に直すときの時間波形を定義する関数で

$$p(t) = \begin{cases} 1, & \text{if } 0 < t < T_s \\ 0, & \text{otherwise} \end{cases} \tag{6.35}$$

とすれば，図 2.15 に示したような **NRZ**（non-return to zero）信号を表すことになる。

　インパルス応答に対する連続時間と離散時間の違いを，**図 6.30** を用いて説明する。図 (a) を P でループを開いて図 (b) のようにして，量子化雑音に相当する信号としてインパルス $y_D(n) = 1, 0, 0, 0, \cdots$ を入力したとき，戻ってくる信号出力 $y'_D(n)$ は $0, -1, -1, -1, \cdots$ となる。同様に，図 (c) を P′ でループを開いて図 (d) のようにして，量子化雑音に相当する信号としてインパルス $y_C(n) = 1, 0, 0, 0, \cdots$ を入力したとき，戻ってくる信号出力 $y'_C(n)$ は

$$y'_C(n) = p(t) * h(t) \tag{6.36}$$

と表せる。ここで * は畳み込み（コンボリューション），$h(t)$ は積分器のインパルス応答である。

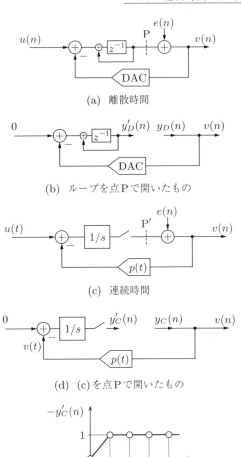

図 6.30 ループのインパルス応答に対する連続時間と離散時間の比較

$$\int_0^1 p(t)dt = 1 \tag{6.37}$$

とすれば，図 (e) で示すように，戻ってくる信号出力 $y'_C(n)$ は $0, -1, -1, -1, \cdots$ となり，$y'_D(n)$ と等しくなる．このことは，図 (c) でもサンプリング点だけに着目すれば，図 (a) と同様の雑音伝達関数（NTF）

$$\text{NTF}(z) = 1 - z^{-1} \tag{6.38}$$

が得られていることを意味する。

連続時間 $\Delta\Sigma$ 変調器の重要な性質として，アンチエリアシング機能が信号伝達関数に含まれていることを挙げることができる．図 6.29 (b) を再掲した**図 6.31** を用いて，信号伝達関数（signal transfer function, STF）について考察する．入力 $u(t)$ を $\exp(j2\pi ft)$ とする．ここで，サンプリング周期 T_s は 1 を仮定している．積分器を通過後の連続時間信号 $y_1(t)$ は

$$y_1(t) = \frac{1}{j2\pi f} e^{j2\pi ft} \tag{6.39}$$

と書けるから，サンプリングした後の離散時間信号 $y_1(n)$ は

$$y_1(n) = \frac{1}{j2\pi f} e^{j2\pi fn} \tag{6.40}$$

と表せる．この信号がフィードバックループに入ると，量子化誤差 $e(n)$ と同様にシェイピングされるため

$$v(n) = y_1(n) + e(n) - y_1(n-1) - e(n-1) \tag{6.41}$$
$$= \frac{1}{j2\pi f}(1 - e^{-j2\pi f})e^{j2\pi fn} + e(n) - e(n-1) \tag{6.42}$$

と書ける．したがって，信号伝達関数 $\text{STF}(f)$ は

$$\begin{aligned}\text{STF}(f) &= \frac{1}{j2\pi f}(1 - e^{-j2\pi f}) \\ &= e^{-j\pi f} \frac{\sin \pi f}{\pi f}\end{aligned} \tag{6.43}$$

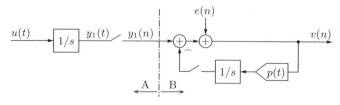

図 **6.31** 積分器をフィードバック点の外に出した連続時間 $\Delta\Sigma$ 変調器のブロック図．図 6.29 (b) の再掲．

として得られる。右辺に現れた sinc 関数は $f = 1, 2, 3, \cdots$ で 0 になるため，$\text{STF}(f)$ もこれらの周波数で 0 になる。このことは，サンプリングにより低周波信号帯域に折り返されるはずの $f = 1, 2, 3, \cdots$ 付近に存在する信号成分が，$\text{STF}(f)$ により除去されることを意味する。すなわち，通常は必要なアンチエリアシングフィルタを用いて折り返し信号成分を除去する必要があるが，ここで考察した連続時間 $\Delta\Sigma$ 変調器では，$\text{STF}(f)$ の性質によりそれが不要であることがわかる。

このことは，図 6.31 を見ると直感的に理解できる。すなわち，サンプリング周波数 f_s ($=1$) またはその整数倍の信号が $u(t)$ に含まれているとしても，時間 $1/f_s$ で積分されると相殺されてしまい，$y_1(t)$ の中には含まれることはない。これは，5.7.1 項で述べた積分型 A/D 変換器で，積分時間の逆数の周波数雑音が除去できることと同じ理屈である。

このように，高速性に優れ，アンチエリアシング機能を有する連続時間 $\Delta\Sigma$ 変調器であるが，設計にあたって注意すべき点もある。以下では，その代表的な例であるループ遅延とジッタ耐性について説明する。

ループ遅延の影響を図 6.32 に示す。ループ遅延を τ で表している。$y'_C(n)$

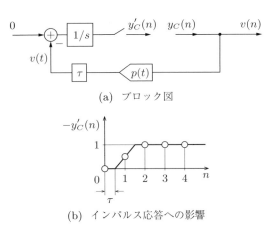

(a) ブロック図

(b) インパルス応答への影響

図 6.32 ループ遅延 τ がある場合のブロック図とインパルス応答への影響

には図 (b) に示すような遅延の影響が表れる．これを図 6.30 (e) で示した理想的な応答に戻すためのループ遅延補償[73]を**図 6.33** に示す．この図に示すとおり，遅延による減衰分を補うための経路を追加することで，図 6.30 (e) で示した理想的な応答に戻すことができる．

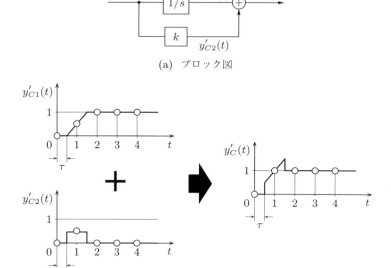

図 6.33 ループ遅延補償のためのブロック図と
インパルス応答の改善

図 6.31 に示したフィードバック経路にあるスイッチのタイミングにジッタがあるときの応答を**図 6.34** に示す．実際の回路ではフィードバック経路にある D/A 変換器へのクロックにジッタが含まれることを意味している．ジッタの影響は $p(t)$ のパルス幅が変動することでモデル化できる．サンプリング周期を T_s，ジッタの標準偏差を σ_j とすると，ジッタに起因する信号対雑音比 $\mathrm{SNR}_{\mathrm{jitter}}$ は

$$\mathrm{SNR}_{\mathrm{jitter}} = 10\ \log_{10}\left(\frac{T_s^2 \cdot \mathrm{OSR}}{\sigma_j^2}\right) \tag{6.44}$$

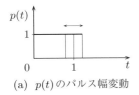
(a) $p(t)$ のパルス幅変動

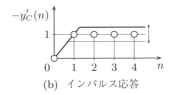
(b) インパルス応答

図 **6.34** インパルス応答におけるジッタの影響

と書けることが知られている[74]。ジッタの影響を低減化する対策としては，式 (6.37) を維持しながら $p(t)$ の波形を変形することが考えられる。この例で考えれば，$n=1$ 前後の変動の影響を回避するためには，この部分で $p(t)$ を 0 にして，減少分を残りの部分に加算すればよい。これは DAC フィードバックパルスのシェイピングとして知られていて，遅延を伴う RTZ（return-to-zero）パルスの採用[75]，SC-R 回路によるパルス化[76]，FIR フィルタを用いた波形整形[77]，パルスの正弦波形化[78]，遅延処理によるパルス化[79]，D/A 変換器の並列化によるジッタ平均化[80] などが提案されている。本書の範囲を超えるため詳細の説明は省略するので，興味のある読者は引用文献を参照していただきたい。

6.7　デシメーションフィルタ

6.1 節で述べたように，$\Delta\Sigma$ 変調器とともに，$\Delta\Sigma$ 型 A/D 変換器を構成する上で必要となるデシメーション（間引き）フィルタについて説明する。その役割は，オーバーサンプリングで得られた 1 ビット信号を，ナイキストレート多ビット信号にダウンサンプリングすることである。ダウンサンプリングに伴う信号帯域への雑音成分の折り返しを防ぐために，デジタルフィルタによる帯域制限が必要になる。また，ダウンサンプリングにあたり，情報に過不足が生じないようにしつつ，1 ビット信号から多ビット信号へビット幅を広げなければならない。

オーバーサンプリングレートをナイキストレートで割った値，すなわち OSR

の逆数を,デシメーション比と呼ぶ.通常,デシメーション比は数十から数百なので,それを1段のフィルタで処理しようとすると,フィルタ構成が複雑になり,消費電力が大きくなるだけでなく動作速度も制限されてしまう.そのため,一般的にデシメーションフィルタは,**図 6.35** に示すように多段のフィルタから構成される.この図の例では,ダウンサンプリング比を初段で 1/8,次段で 1/2,最終段で 1/4 とし,全体でデシメーション比 64 を得ている.中でも初段はオーバーサンプリング周波数で動作する必要があり,しかもアンチエリアシング機能も必要で,デシメーションフィルタ全体の性能に大きく関わる.一般的には,タップ数の少ない櫛型フィルタでデシメーションを行い,ビットレートが下がる後段では精度の高い FIR フィルタが用いられる.以下では,初段に用いられる櫛型フィルタについて説明する.

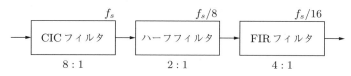

図 6.35 デシメーションフィルタの構成例

まず,デシメーションフィルタの初段として最も簡単な例を説明する.それは連続した N 個の値の平均 $w(n)$(移動平均)をとることである.$\Delta\Sigma$ 変調器の出力を $v(n)$ とすると,$w(n)$ は

$$w(n) = \frac{1}{N} \sum_{i=0}^{N-1} v(n-i) \tag{6.45}$$

と書ける.z 変換すると

$$W(z) = \frac{1}{N}(1 + z^{-1} + z^{-2} + \cdots + z^{-(n-1)})V(z) \tag{6.46}$$

と書けるから,伝達関数としては

$$H_1(z) = \frac{1}{N} \frac{1 - z^{-N}}{1 - z^{-1}} \tag{6.47}$$

を得る．周波数に直して絶対値をとると

$$|H_1(e^{j2\pi fT_s})| = \frac{1}{N}\frac{1-e^{-j2\pi NfT_s}}{1-e^{-j2\pi fT_s}}$$
$$= \frac{\text{sinc}(NfT_s)}{\text{sinc}(f)} \tag{6.48}$$

となる．sinc 関数で表せるため，sinc^1 フィルタと呼ばれる．$N=8$ のときのフィルタ特性を図 **6.36** に示す．フィルタ出力を 8 個おきにサンプリングすることで，1/8 のダウンサンプリングが実現できる．$f_s/8$ とその整数倍の周波数がフィルタの零点になっているため，dc 付近の信号周波数帯に高周波成分が折り返されることを回避できる．

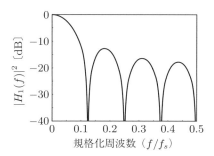

図 **6.36** $N=8$ のときの sinc^1 フィルタの特性

2 個の sinc^1 フィルタを従属接続したものを sinc^2 フィルタと呼ぶ．その伝達関数は

$$H_2(z) = \left(\frac{1}{N}\frac{1-z^{-N}}{1-z^{-1}}\right)^2 \tag{6.49}$$

である．

デシメーションフィルタとして用いるときに必要なフィルタの次数について考えよう．sinc^1 フィルタを用いたときに，フィルタを透過する雑音は

$$Q_1(z) = H_1(z)\text{NTF}(z)E(z)$$
$$= \frac{1}{N}\frac{1-z^{-N}}{1-z^-}(1-z^{-1})E(z)$$

$$= \frac{1}{N}(1-z^{-N})E(z) \tag{6.50}$$

と書けるため，雑音パワーは

$$q_1(n) = \frac{1}{N}\left(e(n) - e(n-N)\right)$$
$$\to \overline{q_1{}^2} = \frac{2\overline{e^2}}{N} \tag{6.51}$$

と求めることができる．また，sinc^2 フィルタを用いたときに，フィルタを透過する雑音は

$$Q_2(z) = H_2(z)\text{NTF}(z)E(z)$$
$$= \left[\frac{1}{N}\frac{1-z^{-N}}{1-z^{-1}}\right]^2(1-z^{-1})E(z)$$
$$= \frac{1}{N}H_1(z)(1-z^{-N})E(z) \tag{6.52}$$

と書けるため，雑音パワーは

$$q_2(n) = \frac{1}{N^2}\sum_{i=0}^{N-1}[e(n-i) - e(n-N-i)]$$
$$\to \overline{q_2{}^2} = \frac{2N\overline{e^2}}{N^4} = \frac{2\overline{e^2}}{N^3} \tag{6.53}$$

と求めることができる．

一方，1次 $\Delta\Sigma$ 変調器の信号帯域の雑音パワーは，式 (6.12) に示したように，$\pi^2 e_{\text{rms}}^2/(3(\text{OSR})^3)$ であるから，sinc^2 フィルタを用いると，信号帯域の量子化雑音パワーとデシメーションに起因する雑音パワーが同じオーダになることがわかる．ここで，$N = \text{OSR}$ を用いた．一般に，L を $\Delta\Sigma$ 変調器の次数としたとき $k = L+1$ とすれば，デシメーションに起因する雑音強度が，$\Delta\Sigma$ 変調器の量子化雑音強度と同程度になるため，これを必要なフィルタ次数 k として用いることができる．

回路実装では，sinc^k フィルタを従属接続する代わりに，以下で説明する **CIC** (cascaded integrator-comb) **フィルタ**が利用される場合が多い．CIC フィルタ

のブロック図[81] を図 **6.37** に示す。sinc^k フィルタの分子と分母を分けて前段と後段をまとめ，その間にダウンサンプラを 1 個入れた形である。伝達関数は

$$H(z) = \left[\frac{1-z^{-M}}{M(1-z^{-1})}\right]^3$$
$$= \left(\frac{1}{1-z^{-1}}\right)\left(\frac{1}{1-z^{-1}}\right)\left(\frac{1}{1-z^{-1}}\right)\left(\frac{1-z^{-M}}{M}\right)\left(\frac{1-z^{-M}}{M}\right)\left(\frac{1-z^{-M}}{M}\right)$$

である。一般化して書くと

$$\left(\frac{1-z^{-M}}{1-z^{-1}}\right)^k = (1+z^{-1}+z^{-2}+\cdots+z^{-(M-1)})^k$$

を得る。ここで，k はフィルタの次数，M はデシメーション比である。左辺は積分器と櫛型フィルタの組み合わせ，右辺はタップ数が $k(M-1)$ の FIR フィルタと考えられる。積分器に必要なビット幅 N は

$$N = m + k\log_2 M \tag{6.54}$$

と表すことができる[81]。ここで，m は入力ビット幅で，通常は 1 である。

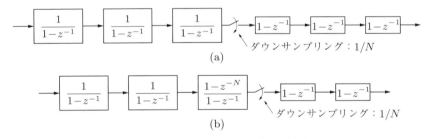

図 **6.37** CIC フィルタのブロック図

つぎに低消費電力化に有利な多相デシメーションフィルタ[82] について説明する。CIC の前段のようにオーバーサンプリングで動作する積分器が不要で，速度限界が遅延素子の動作速度だけで決まるため，高速化が可能である。$k=3$ および $M=8$ として式 (6.54) の右辺を展開すると

$$H(z) = 1 + 3z^{-1} + 6z^{-2} + 10z^{-3} + 15z^{-4} + 21z^{-5} + \cdots$$

$$+ 15z^{-17} + 10z^{-18} + 6z^{-19} + 3z^{-20} + z^{-21} \tag{6.55}$$

を得る。右辺をさらに整理すると

$$H(z) = (1 + 42z^{-8} + 21z^{-16}) + z^{-1}(3 + 46z^{-8} + 15z^{-16}) + \cdots$$
$$+ z^{-6}(28 + 36z^{-8}) + z^{-7}(36 + 28z^{-8}) \tag{6.56}$$

となる。この式変形に基づき FIR フィルタを多相化した例を図 **6.38** に示す。多相化後の回路では，高速動作が必要な部分は遅延素子だけで，残りの回路は 1/8 のクロックで動作すればよい。したがって，低消費電力化が期待できる。遅延素子を用いずタイムインターリーブ方式で動作させれば，さらに高速化できることが報告されている[83]。

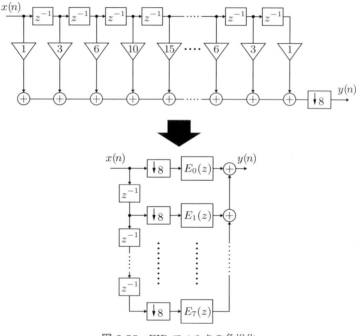

図 **6.38** FIR フィルタの多相化

6.8 D/A 変換器

ΔΣ 変調器は，A/D 変換器だけではなく D/A 変換器にも使用される[†]。図 6.39 は，ΔΣ 型 D/A 変換器の構成を，従来構成と比較しながら示している。これまでの ΔΣ 型 A/D 変換器と異なり，ΔΣ 変調器がデジタル回路で構成されていることに注意する。図 (b) と比較して複雑な信号処理プロセスに見えるが，初段から 1 ビット D/A 変換器までがデジタル領域であり，アナログ処理は 1 ビット D/A 変換器とフィルタだけと簡素化されている点が特徴である。図 (b) に示す従来型では，N ビット D/A 変換器の線形性改善が大きな課題となっていた。ΔΣ 型 D/A 変換器では，オーバーサンプリング 1 ビット D/A 変換器を用いることで，この課題を解決している。

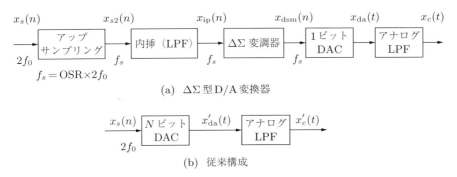

図 6.39　ΔΣ 型 D/A 変換器の構成と従来構成

図 6.39 (a) および図 6.40 に従って D/A 変換の過程を説明する。まず，入力デジタル値 $x_s(n)$ をアップサンプリングして $x_{s2}(n)$ を得る。アップサンプリングしたあとで値が定義されていないサンプリング点に関しては，内挿用デジタル回路でデータを追加して $x_{ip}(n)$ を得る。図 6.40 のスペクトルに示すと

[†] ΔΣ 変調器はアナログ信号をデジタル的に表現する手法であり，PLL（phase locked loop）回路など，アナログ情報に基づくデジタル処理が必要な場面でもよく用いられている。今後もさらにその適用範囲は広がるものと考えられる。

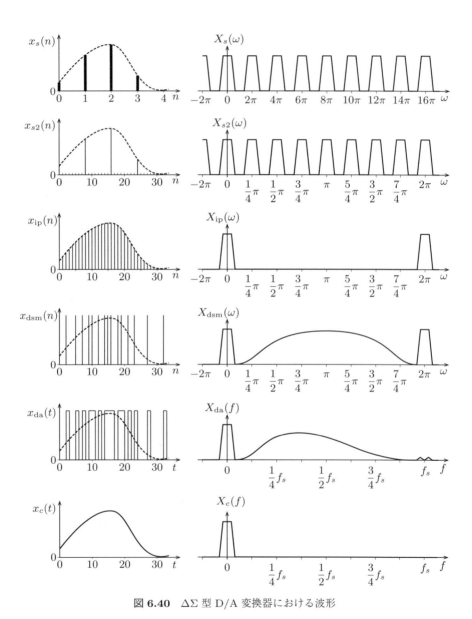

図 6.40 ΔΣ 型 D/A 変換器における波形

おり，これが従来構成におけるアナログ LPF（low pass filter）の役割を果たす．デジタル処理なので高い線形性を確保できる．つぎに，そのデジタルデータを $\Delta\Sigma$ 変調器に入力する．出力は 1 ビット信号 $x_{\mathrm{dsm}}(n)$ である．デジタル領域ではあるが，図 6.40 に示すとおり，入出力特性はこれまで説明したアナログ $\Delta\Sigma$ 変調器と同じである．この 1 ビット信号を D/A 変換器に入力し，アナログ LPF を通過させて，最終的なアナログ出力 $x_c(t)$ を得る．D/A 変換後はサンプル値がホールドされるため，$X_{\mathrm{dsm}}(\omega)$ に sinc 特性を掛け，連続信号にしたものが $X_{\mathrm{da}}(f)$ である．1 ビット信号は本質的に線形であり，従来構成で問題になっていた多ビット D/A 変換器の非線形性の問題を回避できる．

図 6.39 (b) に示した通常の多ビット D/A 変換器を用いる場合には，その出力を滑らかなアナログ出力信号にするためのアナログ LPF が必要で，ナイキスト条件近くでサンプリングしているため，急峻なカットオフ特性が必要とな

┤コーヒーブレイク├

$\Delta\Sigma$ か $\Sigma\Delta$ か

　従来の文献の中には，$\Delta\Sigma$ 変調器ではなく $\Sigma\Delta$ 変調器という呼び名が使われることがある．中身は同じで，呼び方の違いだけである．どちらが妥当な呼び方か学会で議論されたこともあったという．後者は英語の呼び方に起因している．例えば RMS（root mean square）と呼ばれる値を求めるときには，2 乗して平均をとり，その平方根を求める．つまり，演算手順と英語の呼び名とは逆になっている．変調器の場合も，差分（Δ）をとってから積算（Σ）するため，RMS の例にならえば，$\Sigma\Delta$ の順になる．また，Δ 変調器から派生してできたものだから，Σ 機能のついた Δ 変調器という意味で，$\Sigma\Delta$ 変調器が妥当であるともいえる．これに対して，$\Delta\Sigma$ 変調器と呼ばれるゆえんは，なにより，その提案者がそのように命名したことにある[84]．その理由は，単なる Δ 変調器の変形ではなく，それとは一線を画す発明であることを明示的に示したかったからだといわれている．いずれにしても，学術の分野ではオリジナルな提案が尊重されるべきである．そこで，本書では「$\Delta\Sigma$」変調器の呼称を採用した．近年，論文数でも $\Delta\Sigma$ 変調器の呼び方が多くなっているようである．日本発の提案でもあり，読者の皆さんにもご賛同いただければ幸いである．

る。図 6.40 の $X_s(\omega)$ で示したように，近接する高周波側の信号をカットするためである。これに対して，$\Delta\Sigma$ 変調器を用いる場合には，図 6.40 の $X_{\mathrm{da}}(f)$ を対象としたフィルタでよく，急峻性に対する要求が大幅に緩和できることがわかる。従来構成で必要な急峻なカットオフ特性は，内挿用デジタル回路で実現されており，アナログ回路における課題をデジタル領域で解決しているといえる。ただし，オーバーサンプリング周波数で動作していることに注意する。

7 技術動向

　微細 CMOS 技術の進展により，デジタル回路の性能は飛躍的に改善された。一方，アナログ回路の立場から見ると，アンプの高利得化が困難になることや，低電源電圧化によりアナログ信号のダイナミックレンジが狭くなることなど，必ずしも微細化の恩恵を受けているとはいいがたい。アナログとデジタル両方の側面を併せ持った A/D 変換器は，その両方の影響を受け，近年その設計指針も大きく変わりつつある。多くの斬新なアイデアも提案されてきた。この章では，これまでの説明を踏まえて，新しい A/D 変換技術の流れの一端を紹介する。もちろん，すべての話題を網羅することはできないが，今後も重要な役割を果たすであろうと考えられるいくつかの話題を取り上げて，そのエッセンスを解説する。まず，A/D 変換器の代表的な性能指標について説明する。つぎに，パイプライン型やオーバーサンプリング型の A/D 変換器で使用されるオペアンプの低消費電力化について述べる。さらに，低消費電力に優れた SAR 型 A/D 変換器を取り上げ，その高分解能化を目指したハイブリッド構成を紹介する。最後に，アナログ回路の不完全性をデジタル回路で補い，A/D 変換器の一層の高性能化を目指した取り組みを紹介する。

　これらを紹介する目的は，必ずしもそれらを使った回路設計を推奨するものではなく，典型的な事例を通じて，今後も提案されるであろうさまざまな手法に柔軟に対応できる技術基盤を提供することにある。つまり，実際の問題解決に役立つ手持ちメニューを広げることである。近年「新しい」技術として注目されているものでも，そのルーツは意外に古い場合も多い。そこで，できる限

りオリジナルな提案文献を紹介することにした.さらに深く学びたい読者は,本文中での引用文献や最新の論文,国際会議録などを参照してほしい.

7.1　性能指標：FOM

A/D 変換器の性能を表す指標は,消費電力 P,変換周波数 f,電源電圧 V,専有面積 A,テクノロジーノード L,ビット分解能 B など,数多く知られている.ここでは,これらを変数とした関数を作り,A/D 変換器の性能を横断的に比較するために提案された**性能指標**（figure of merits,**FOM**）について説明する.その関数を

$$F = K \times P^{\alpha_P} \times f^{\alpha_f} \times V^{\alpha_V} \times A^{\alpha_A} \times L^{\alpha_L} \times 2^{\alpha_B B} \tag{7.1}$$

と書くことにする[85]~[87].K は規格化定数である.変数の組み合わせや解釈により,さまざまな FOM が考えられる.A/D 変換器の形態によっても,それぞれの特性を反映させた適切な FOM を選択する必要があるかもしれない[88].以下では,最もよく用いられている二つの FOM について説明する.

式 (7.1) で,$K=1$,$f=f_s$,$B=$ ENOB,$\alpha_B = \alpha_f = 1$,$\alpha_P = -1$ として,その逆数をとったものは

$$\mathrm{FOM_W} = \frac{P}{2^{\mathrm{ENOB}} \cdot f_s} \tag{7.2}$$

となる.これは Walden† の FOM として広く知られている[90],[91].逆数にしたのは,FOM により低消費電力性を表すのが自然で,この値が小さいことを低消費電力と結び付けたかったためである.f_s で割るため,$\mathrm{FOM_W}$ の単位は W/s,すなわち J（ジュール）である.通常,デジタル出力における 1 階調の分割に必要なエネルギーという意味で J/conv·step と呼ばれている.

---

† この式自体は,すでに 1980 年のフラッシュ型 A/D 変換器[89] の論文に記載されているが,ここでは慣習に従い,Walden の FOM と呼ぶことにする.ちなみに,国際半導体技術ロードマップ（International Technology Roadmap for Semiconductors,ITRS）でも,この FOM が採用されていた.

式 (7.2) は，分解能を 1 ビット改善するために 2 倍のエネルギーが必要であることを意味している。この FOM がフラッシュ型 A/D 変換器に対して提案されたものであったことを思い浮かべると，このことが理解できる。例えば，図 **7.1** で示すように，フラッシュ型で最上位ビットを追加し，分解能を 1 ビット改善しようとすることを考える。このとき，それまでと同じ数のコンパレータを用意し，最上位ビットが 1 のときの変換をそれに受け持たせればよい。このため，回路規模がほぼ 2 倍になる。すなわち，必要なエネルギーも 2 倍になると考えてよい。

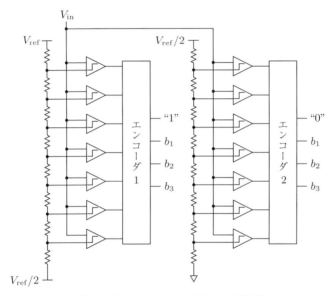

図 **7.1** 2 個の 3 ビットフラッシュ型 A/D 変換器を用いて 4 ビット分解能を実現する方法

SAR 型 A/D 変換器で分解能を 1 ビット増加させるには，同じ回路を用いて，比較回数を 1 回増やせばよいだけに見える。しかし，そのためには D/A 変換器に用いる総容量を 2 倍にする必要がある。例えば，5 ビット分解能を得るためには，$C_0, 2C_0, 4C_0, 8C_0, 16C_0$ の容量が必要である。6 ビットに改善するには，さらに $32C_0$ を追加する必要がある。プロセスばらつきの影響を抑える

ため,単位容量 C_0 の値は一定以下に小さくすることはできず,けっきょく総容量が 2 倍になる.このため,充放電に必要なエネルギーも 2 倍になる.

パイプライン型 A/D 変換器で 1 ビット改善するには,パイプライン段を一つ増やすだけでよい.一方,各段の変換では,その段以降の全変換に相当する精度を確保する必要がある.例えば,1 ビット/段を 5 段並べて 5 ビット分解能を実現したとすると,初段の変換を 5 ビット精度で行う必要がある.これに新たに 1 段増やして 6 ビット構成にするとき,初段の変換を 6 ビット精度で行うことになる.けっきょく,この場合も 2 倍の容量が必要になり,1 ビット増加には 2 倍のエネルギーを要することになる.このように考えると,フラッシュ型だけでなく,他の方式に対してもこの性能指標が意味を持つことが理解できる.必要な規模の回路を作れば,それに応じて分解能が改善できるという前提が,その背後にあることに注意する.

回路規模を拡大しても,それ以外の要因,例えば熱雑音などでダイナミックレンジが決まってしまうときには,別の指標を考えなければならない.そのために広く知られている FOM は,式 (7.1) で $K=1$,$f=\mathrm{BW}$,$B=\mathrm{ENOB}$,$\alpha_B=2$,$\alpha_f=1$,$\alpha_P=-1$ としたもので

$$\mathrm{FOM}_{\mathrm{S1}} = \frac{2^{2\mathrm{ENOB}} \cdot \mathrm{BW}}{P} \tag{7.3}$$

と書ける.ここで,BW は信号帯域幅である.$2^{2\mathrm{ENOB}}$ は量子化レベルの数 2^{ENOB} を 2 乗したものであり,これが式 (7.2) との本質的な違いである.2^{ENOB} がフルスケールの信号振幅と雑音信号振幅の比であるのに対して,$2^{2\mathrm{ENOB}}$ は振幅の 2 乗の比,すなわちパワー比を表している.言い換えれば,$2^{2\mathrm{ENOB}}$ はダイナミックレンジ (dynamic range, DR) を表している.したがって,式 (7.3) は

$$\mathrm{FOM}_{\mathrm{S2}} = \frac{\mathrm{DR} \cdot \mathrm{BW}}{P} \tag{7.4}$$

と書ける.両辺の対数をとり,dB 表示で書き換えると

$$\mathrm{FOM}_{\mathrm{S}}\,[\mathrm{dB}] = \mathrm{DR}\,[\mathrm{dB}] + 10\log_{10}\frac{\mathrm{BW}}{P} \tag{7.5}$$

が得られる。これが，現在，Schreier†のFOMとして広く知られたFOMである[93]。式(7.5)の対数の中の分子と分母の次元が異なっていて奇異に感じるが，通常，BW，Pともにそれぞれ Hz，W を単位として表した数値をそのまま使用することで，dB表記のFOM$_S$を計算している。DRをSNDRで置き換え，歪も考慮に入れたFOMも

$$\text{FOM}_{S,\text{SNDR}}[\text{dB}] = \text{SNDR}[\text{dB}] + 10\log_{10}\frac{f_s/2}{P} \qquad (7.6)$$

として提案されている[94]。

式(7.3)は，分解能を1ビット改善するためには，4倍のエネルギーが必要であることを意味している。言い換えれば，同じA/D変換器を4個並べ，同時に同じアナログ入力を変換し，平均すると，分解能が1ビット改善できることを意味している。または，一つのA/D変換器を4倍のサンプリング周波数で動作させてもよい。一般的な誤差論によれば，測定がランダムな誤差を含む場合，N 回測定すれば測定誤差を $1/\sqrt{N}$ にできることを思い出すと，式(7.6)はランダムな雑音が分解能を決めていることを示唆する。具体的には，分解能の限界が熱雑音により決まる場合に適用できる式と見なすことができる。例えば，SAR型A/D変換器で総容量は一定に保ち，分解能を改善するために単位容量を小さくしたとする。3.1.6項で述べたように，容量を小さくすると，熱雑音は大きくなる。そのために分解能の上限が決まっているとすると，4個並べて測定して平均すれば誤差が1/2となり，1ビット分の分解能が稼げることになる。または一つのA/D変換器でサンプリング周波数を4倍にすると，6.1節で述べたように雑音パワーは6dB低下する。すなわち，ENOBでは1ビット改善することを意味する。

以上のことからFOM$_W$とFOM$_S$の使い分け方が見えてくる。すなわち，回路規模拡大で分解能改善が図れる領域ではFOM$_W$を，十分に高い分解能領域で，熱雑音により分解能が制限される領域ではFOM$_S$を，それぞれ使うこ

---

† FOM$_W$の場合と同様に，これと同等の式は1997年のΔΣ型A/D変換器に関する論文[92]に，すでに記載されている。

とが相応しいことになる．別のいい方をすれば，低消費電力化のために回路規模を小さくしようとすると，熱雑音の影響が大きくなり，そこでは FOM_S で評価するのがよいといえることになる．実際の A/D 変換器で報告されているデータ[95]によると，2004 年頃までは FOM_W が全体の傾向を反映していた．2014 年頃になると低消費電力化が進み，特に 10 ビット以上の分解能を持つ A/D 変換器の傾向は FOM_S に従うことがわかってきた．この様子を図 **7.2** に示す．

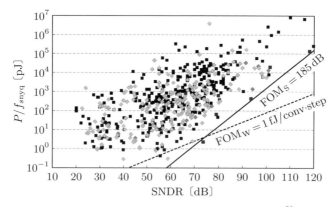

図 7.2 変換に必要なエネルギーの SNDR 依存性[3]

一方，FOM_S にはサンプリング周波数依存性があり，図 **7.3** に示すように，およそ 10〜100 MHz を境に，低周波側では FOM_S がほぼ一定なのに対して，高周波側では周波数が高くなるとほぼ 10 dB/dec の傾きで減少するというデータも報告されている．ここ 10 年ほどの高周波側での性能改善はめざましく，微細化による MOSFET 自体の高速化とともに，回路設計の工夫によるところが大きい．

以上に述べたように，FOM は複数の A/D 変換器の性能を同じ土俵で比較するための「ベンチマーク」として有用であるが，万能ではないことに注意すべきである．A/D 変換器の性能を示すときには，FOM だけでなく，消費電力 P，変換周波数 f，電源電圧 V，専有面積 A，テクノロジーノード L，ビット分解

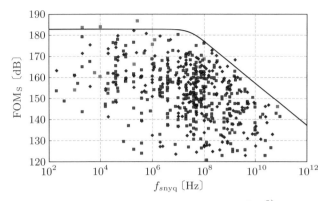

図 7.3 FOM_S のサンプリング周波数依存性[3]

能 B などを列挙する必要がある．方式が違ったり，性能が大きく異なる A/D 変換器を比較するときには，特に注意が必要である．

データ変換器の低消費電力化に関する論文では，1.4 節で挙げたもののほかにも文献 96),97) があるので，興味ある読者は参照されたい．

7.2　低消費電力アンプ

A/D 変換器の高性能化を図る上で，微細化による素子高性能化だけではなく，回路構成の工夫が重要な役割を担ってきた．この節では，5.6 節で説明したパイプライン型 A/D 変換器の MDAC や，6 章で説明した $\Delta\Sigma$ 変調器の積分器などで使用されるオペアンプに関する低消費電力化手法について述べる．A/D 変換器全体の消費電力の中で，オペアンプの消費電力が占める割合が大きいためである．

従来から，通常のオペアンプを用いた回路の低消費電力化技術が検討されてきた．一つのオペアンプを時分割的に共用することで，2 次 $\Delta\Sigma$ 変調器に必要な二つの積分器を一つのオペアンプで実現した例[98]や，パイプライン型でもサンプルモードでは MDAC のオペアンプが休んでいることに着目し，それを次段の増幅器として転用することでオペアンプ数を半分にした例[99]などが報告さ

れている。本来，別々のオペアンプを利用する回路が一つのオペアンプを共用するため，オペアンプシェアと呼ばれる。オペアンプ数を減らし，低消費電力化に有効な手法として注目されてきたが，抜本的な対策には至っていなかった。

オペアンプの代わりにコンパレータを用いて，疑似的な仮想接地を実現する試みも提案された[100]。また，パッシブ素子だけで必要な電荷転送を行う方法も部分的に採用されてきたが，ゲインがなく完全な電荷転送は困難である。これらの手法における課題は，オペアンプが使われる理由の裏返しで，完全にオペアンプから逃れることは難しい。本節では，増幅器を利用するとしても，消費電力削減を阻む大きな要因となっている定常電流を遮断する取り組みについて説明する。具体的には，C 級インバータを増幅器として用いた回路，および，スイッチ機能を持つダイナミックアンプ，自己飽和型ダイナミックアンプについて説明する。

実際の回路の説明を始める前に，MDAC や積分器のようなスイッチキャパシタ回路においてオペアンプが担ってきた役割について，図 **7.4** を使っておさ

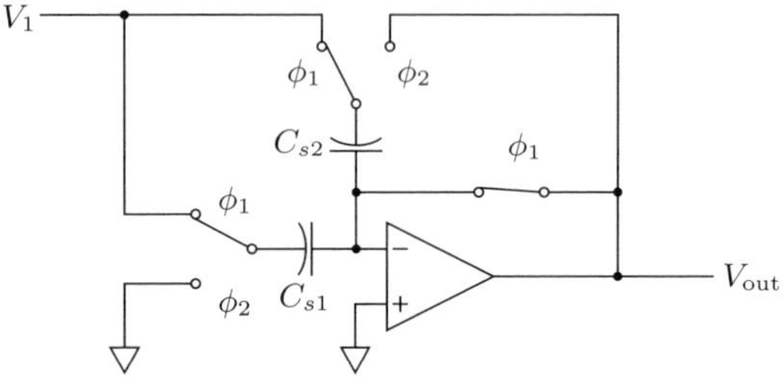

(a) MDAC

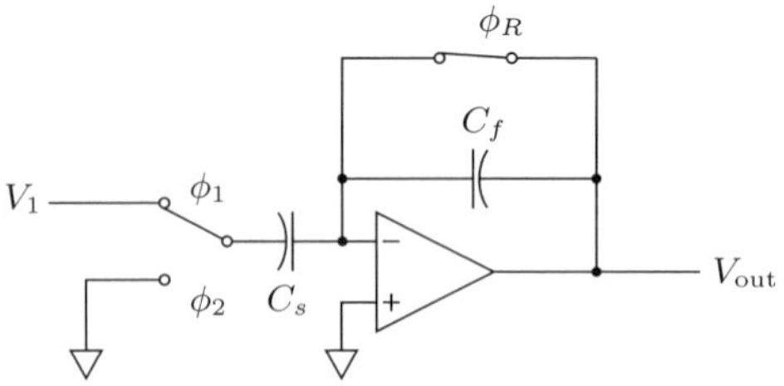

(b) 積分器

図 **7.4**　オペアンプを用いた MDAC（図 5.40 を再掲）と積分器（図 6.11 を参照）

らいする。これらの機能実現に必要なオペアンプの特性は，反転入力端子が一定電圧を維持できることと，その端子が高インピーダンスノードで電荷流出・流入がないことである。さらに，差動増幅率が理想的には無限大であり，出力が低インピーダンスノードであることも重要である。これらの機能がどのように実現されているかに注目して，以下を読み進めてほしい。

7.2.1　インバータ利用アンプ

インバータを用いたスイッチトキャパシタ増幅器の例[101]を図 **7.5** に示す。ϕ_1 で回路はプリチャージモードで，インバータの入出力が短絡しているため，$V_A = V_B = V_0$ が成り立つ。ここで，V_0 はインバータの論理閾値である。ϕ_2 で回路は増幅モードで，このとき

$$V_{\text{out}} = \frac{C_1}{C_2} V_{\text{in}} \tag{7.7}$$

が成り立つ。V_{out} は高インピーダンスノードであることを仮定していて，ϕ_1 から ϕ_2 への移行時に C_3 の電荷量は変化しないことを利用している。また，C_2 によるフィードバックのため，増幅モードでも $V_A = V_0$ が成り立つ。すなわち，これがオペアンプの仮想接地の役割を担っていて，インバータの入力インピーダンスが無限大であること，つまり，入力端子への電荷流入・流出がないことを仮定することで，上式が得られる。通常の仮想接地と異なり V_A は V_0 であるが，このオフセット分は C_3 の両端間の電位差で相殺され，入出力特性が V_0 に依存しないことに注意する。

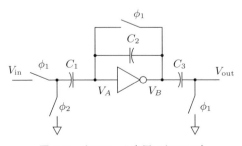

図 **7.5**　インバータを用いたアンプ

インバータには貫通電流が流れているため，これがスタティック消費電力の下限を決める。このため，インバータを C 級アンプとして動作させ，電荷転送が終了した時点で MOSFET が弱反転状態になることを利用し，消費電力削減を図っている。インバータを $\Delta\Sigma$ 変調器の積分器に応用した例[102],[103] は，6.3 節で説明したとおりである。

インバータを多段に接続すれば，より大きなゲインが得られ，MDAC や積分器を構成する上で都合が良い。この発想から生まれた**リングアンプ**(ring amplifier, **RAMP**)[58] を図 7.6 に示す。基本的には 3 段のインバータ増幅器であるが，単純に 3 個のインバータをつなぎ，出力から入力にフィードバックをかけるとリング発振器となり，そのままでは発振してしまう。それを抑えるために，この図のように 2 段目のインバータを，入力にオフセットを与えた二つのインバー

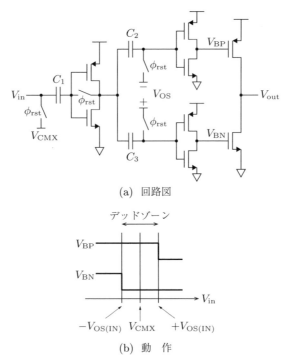

(a) 回路図

(b) 動 作

図 7.6 リングアンプの回路図と動作

タに分離し，3段目のインバータのpMOSFETとnMOSFETを別々の信号で駆動する構成としている．そのため，セトリング後は3段目のMOSFETを弱反転領域で動作させ，出力インピーダンスを高くしている（詳細は後述）．その結果，低周波領域に支配極ができ，安定化を図ることに成功した．

図(a)で，ϕ_{rst}は回路をリセットモードにするためのスイッチである．リセットモードでは，C_2とC_3をオフセット電圧V_{OS}で充電する．また，C_1により初段インバータの論理閾値と入力コモンモードV_{CMX}の差を相殺する．このアンプにフィードバックをかけると，V_{in}はV_{CMX}付近で変化する．そのときの2段目の出力V_{BP}とV_{BN}をV_{in}の関数として図(b)に示す．ここで$V_{\mathrm{OS(IN)}}$は入力換算のオフセット電圧である．この図で示すとおり，$V_{\mathrm{CMX}} \pm V_{\mathrm{OS(IN)}}$の領域で3段目のpMOSFETとnMOSFETがOFF状態，正確には弱反転状態になる．その結果，出力インピーダンスを高くすることができる．

リングアンプを用いてMDACを構成した例[104]を図 **7.7** に示す．サンプルモードから増幅モードへの移行でC_cの充放電はないから，増幅モードでも$V_x = V_{\mathrm{CM}}$が成り立つ．これが仮想接地として機能し

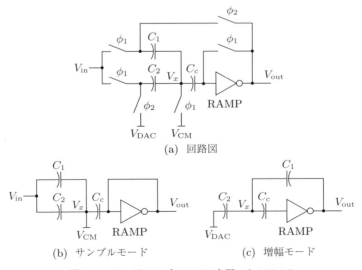

図 **7.7** リングアンプRAMPを用いたMDAC

$$(C_1 + C_2)(V_{\mathrm{CM}} - V_{\mathrm{in}}) = C_1(V_{\mathrm{CM}} - V_{\mathrm{out}}) + C_2(V_{\mathrm{CM}} - V_{\mathrm{DAC}})$$

が成り立つ。$C_1 = C_2$ とすれば

$$V_{\mathrm{out}} = 2V_{\mathrm{in}} - V_{\mathrm{DAC}} \tag{7.8}$$

となり，MDACの機能が得られたことがわかる。

リングアンプはオペアンプに代わる低消費電力アンプとして注目されており，自己バイアス化してパイプライン型A/D変換器に適用された[104],[105]ほか，パイプライン化SAR[106]および，それをタイムインターリーブ化したA/D変換器[107]で利用されている。

7.2.2　電流スイッチ付きダイナミックアンプ

前項で説明したインバータ利用アンプは，セトリングが完了したときにMOSFETを弱反転領域に追い込み，スタティックな電流を絞ることで低消費電力動作を実現していた。本項で説明するダイナミックアンプは，スイッチで電流を遮断することで低消費電力化を実現する。デジタル回路でも，MOSFETをスイッチに用いて，プリチャージモードと評価モードを繰り返しながら論理動作を行うダイナミック論理回路が知られており，そのアナログ版と見なすこともできる。

ダイナミックアンプの回路例[108]を図**7.8**に示す。2段のオペアンプであり，

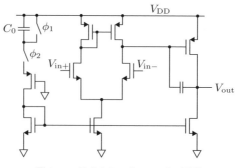

図 **7.8**　ダイナミックアンプの原型

7.2 低消費電力アンプ

ϕ_1 と ϕ_2 の2相動作を行う。ϕ_1 で C_0 を放電する。このとき ϕ_2 は開いていて，アンプに電流は流れない。ϕ_1 を開き，ϕ_2 を閉じることで回路は増幅モードになる。これは C_0 の極板間の電位差が V_{DD} になるまで続く。その間，初段の差動対と2段目に電流が流れ，入力電圧が増幅される。十分に長い時間が経過すると C_0 が完全に充電され，アンプを流れる電流は0となり，出力端子はフローティング状態になる。類似の構成を持つアンプとしてスイッチトオペアンプ[109]も知られている。

実際にA/D変換器に使われているダイナミックアンプの例を図7.9に示す。図(a)は最も単純な回路で，ϕ_1 で回路がプリチャージモード，ϕ_2 で回路が増幅

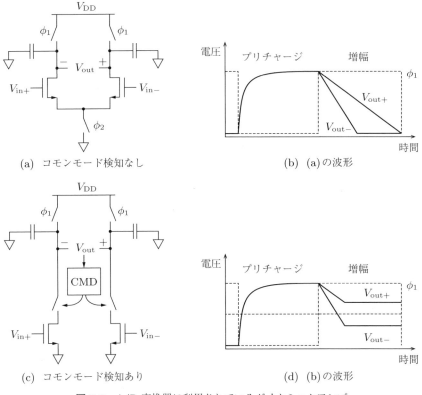

図 7.9 A/D変換器に利用されているダイナミックアンプ

モードとなる。出力は図 (b) に示すとおり，時間とともに減衰する。この種のダイナミックアンプは，4 チャネルタイムインターリーブ（TI）方式のパイプライン型 A/D 変換器[110]，および，パイプライン化 SAR を用いた 2 チャネル TI 型 A/D 変換器[57] の残渣アンプに利用されている。また，コモンモード検出器（common-mode detection，CMD）を備え，減衰する出力を一定値で保持できるダイナミックアンプ[111] も報告されている。その回路図を図 (c) に，波形変化を図 (d) に示す。出力コモンモード電圧が一定値になったとき，電流を遮断することで差動出力を一定に保持できるようにしている。このダイナミックアンプもパイプライン型 A/D 変換器の残渣アンプに使われ，優れた低消費電力特性が実現されている[112]。

7.2.3 自己飽和型ダイナミックアンプ

インバータを用いたダイナミックアンプも提案されている。スイッチによる電流の ON/OFF ではなく，電荷再配分が完了した時点で自動的に電流が遮断され，増幅結果が保持されることが特徴である。ダイナミックアンプを利用した積分器の例[113] を図 7.10 に示す。まず ϕ_1 を閉じて入力 V_in を C_i でサンプリングした後に，ϕ_2, ϕ_3, ϕ_5 を閉じ，M_1 の動作に必要なプリチャージをする。つぎに，ϕ_3 を開き ϕ_4 を閉じると，M_1 が ON 状態になりドレイン電流が流れ，同時に電荷が再配分される。C_o の放電とともに V_out が低下し，M_1 の

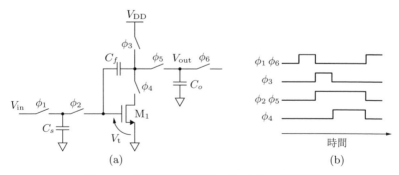

図 7.10 自己飽和機能を持つダイナミック積分器

ゲート-ソース間電圧が閾値 V_t まで低下したとき，ドレイン電流が 0 になり，電荷再配分も止まる．このとき，入力をサンプルしたときに C_s に蓄積した電荷の一部が C_f に転送される．V_t は一定であるから，C_i に残る電荷量は一定であると考えてよい．また，M_1 のゲートは高インピーダンスノードであり，電荷の流入・流出はない．このため，C_f に転送される電荷量は $C_s(V_{in} - V_t)$ となる．これが元から C_f に蓄積されていた電荷量と足し合わされて V_{out} が決まる．すなわち，この回路は積分器として機能する．一方，電源から GND まで定常的に電流が流れる経路は存在しないため，低消費電力動作が実現できる．

これと似た考え方で提案された回路に，**ダイナミック共通ソース**（dynamic common-source，**DCS**）**アンプ**[114] がある．DCS アンプを用いた積分器と，$\Delta\Sigma$ 変調器に用いるために D/A 変換器からのフィードバック信号入力を備えた積分器を図 7.11 に示す．図 (a) において ϕ_1 で回路がサンプルモードで，入力 V_{in} により C_s の右電極に電荷 $C_s(V_{CM} - V_{in})$ が蓄えられる．また，ダイオード接続された M_p は ON 状態で，C_{lsp} に $V_{DD} - V_{tp} - V_{CM}$ に相当する電荷が蓄えられた後に OFF 状態になる．V_{CM} はコモンモード電圧で $V_{DD}/2$ とする．ϕ_2 では C_s の左電極の電位が V_{in}（> 0）から 0 に下がる．同時に V_{CM} に等しかった V_x も一度低下する．C_{lsp} の電荷は保存されるため M_p のゲート電位も下がり，M_p は ON 状態になりドレイン電流が流れる．このため C_i が充電され，V_x が再び V_{CM} まで上昇すると，M_p が OFF 状態になる．このドレイン電流により C_s の電荷が C_i に転送され，積分動作が実現できる．

図 (b) は，$\Delta\Sigma$ 変調器への応用を考慮して，D/A 変換器からのフィードバック信号の入力を可能にした $\Delta\Sigma$ 変調器用積分器である．D/A 変換器からのフィードバックが「0」のときは nMOSFET 部分が切り離されて，図 (a) と同じ回路になる．D/A 変換器からのフィードバックが「1」（V_{DD}）のとき，電荷再配分を可能にするためのドレイン電流を nMOSFET からとる．図 7.10 における C_o への充電が必要ない分，この回路のほうが低消費電力動作に適しているといえる．

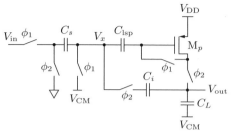

(a) DCSアンプを用いた積分器

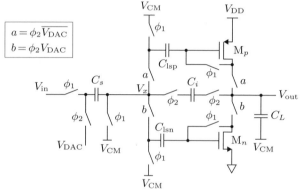

(b) D/A 変換器からのフィードバック信号を含む ΔΣ 変調器用積分器

図 **7.11** ダイナミック共通ソースアンプを用いた積分器,および,D/A 変換器からのフィードバック信号を含む ΔΣ 変調器用積分器

最後に,図 **7.12** に示すダイナミックソースフォロワ[115]を紹介する。ϕ_1 で回路がサンプルモードで,C_{gse} に入力電圧がサンプリングされる。ϕ_2 で回路が増幅モードで,C_L の充電により M_1 のゲート-ソース間電圧が閾値電圧 V_t になるまでドレイン電流が流れ,電荷再配分により V_{out} に出力が得られる。一定の閾値電圧 V_t が通常のオペアンプの仮想接地に相当し,MDAC[115),116) および ΔΣ 変調器用の積分器[117]を構成することができる。詳細は引用文献を参照していただきたい。

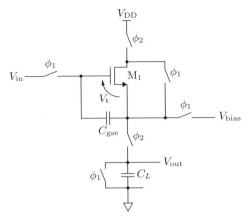

図 **7.12** ダイナミックソースフォロワアンプ

7.3 ハイブリッド A/D 変換器

5章および6章で，各種の方式に基づく A/D 変換器について述べた．近年，一層の高性能化を図る取り組みとして，それらを組み合わせた A/D 変換器が注目されている．文献をひも解くと，これらの提案の多くは以前からあったことがわかる．CMOS 技術の進展により，また，A/D 変換器の応用分野の広がりとともに，数多くの提案の中から新たな可能性が掘り起こされ，ハイブリッド A/D 変換器という名のもとに脚光を浴びるに至ったともいえる．この節では，低消費電力動作に優れた逐次近似（SAR）型 A/D 変換器をパイプライン化した例，および，ノイズシェイピング技術と組み合わせた例を紹介する．SAR 型では量子化誤差（残渣）が電荷として内蔵 D/A 変換器内に残っているため，配線の変更で MDAC や積分器を比較的容易に実現できる．すなわち，これらの組み合わせは相性が良いことがわかるであろう．

7.3.1 パイプライン化 SAR

5.6 節で説明したように，パイプライン型 A/D 変換器では，サブ A/D 変換器をパイプライン的に動作させることで高速動作と高分解能特性の両立を図っ

てきた。M ビット分解能のサブ A/D 変換器を K 段つなげると，$N = M \times K$ ビットの分解能を実現できる。サブ A/D 変換器として一般的に使われてきたフラッシュ型 A/D 変換器では，その回路規模がビット分解能 M とともに指数関数的に増大する。一方，段数を増加させたとき，回路規模はそれに比例して増大する。したがって，回路規模を抑えつつ，高い分解能を実現するには，低い分解能のサブ A/D 変換器を多段に接続する方式が有利になる[†]。このため，1.5 ビット/段を 10 数段程度つなげた構成が広く採用されてきた。

パイプライン化逐次近似（SAR）型 A/D 変換器[118),119)] は，それとは正反対の設計思想に基づいている。狙いは低消費電力 SAR 型 A/D 変換器の高分解能化にあり，従来とは異なるアプローチをとることになった。残渣増幅には消費電力が大きいオペアンプが必要であることを考えると，段数が少ないほうが低消費電力動作の観点からは望ましい。実際，2 段ないし 3 段のパイプライン化 SAR 型 A/D 変換器が検討されている。動作速度の改善が最大の課題であるが，素子自体の高速化とともに，5.8 節で述べたタイムインターリーブ方式の採用で，従来のパイプライン型に匹敵する高速化が可能になったことも見逃せない。

初段の多ビット化により，残渣アンプには大きなゲインが必要になる。一方で，初段の分解能を上げることで，MDAC への要求条件を緩和できる。例えば 12 ビットを作るとき，初段が 2 ビットでは，残りの 10 ビット分の精度が必要であるのに対して，初段を 6 ビットにすれば 6 ビット分の精度でよいことになる。このため，セトリング条件を大幅に緩和できる。

分解能を従来の SAR 型と同じに抑えたとしても，2 段構成にすることで総容量が大幅に削減できるメリットもある。ミスマッチを小さくするため，また，熱雑音の影響を抑えるため，単位容量の下限には制約がある。したがって，高分解能化のためには D/A 変換器の総容量を大きくせざるを得ず，それとともに入力容量も増加するという問題点があった。これをパイプライン化して 2 ステップ

[†] 後段になるほど必要な分解能は下がるため，回路パラメタのスケーリングが可能である。それを考慮に入れても，基本は変わらない。

動作させることができれば,総容量および入力容量の大幅な削減が可能となる。N ビット分解能の実現には単位容量の 2^N 倍の総容量が必要であるが,これを $N/2$ ビット分解能の 2 段パイプライン構成にすることで,総容量は $2^{N/2-1}$ 分の 1 に,入力容量は $2^{N/2}$ 分の 1 に削減できる。入力容量の低減化は高速化,入力バッファの低消費電力化にも通じる[†]。

パイプライン化するために提案された 4 ビット SAR 型 A/D 変換器の回路構成例[118]) を図 7.13 に示す。この変換器はサンプル,SAR 変換,残渣増幅の三つのモードで動作する。サンプルモードでは,b_1 から b_4 を V_{in} に接続し,SW はグランドに接続する。また,b_0 を閉じ,V_x を仮想接地する。その結果,入力 V_{in} が D/A 変換器コンデンサにサンプリングされる。SAR 変換モードでは,SW をグランドに接続したまま,b_1 から b_4 を用いて通常の SAR 動作を

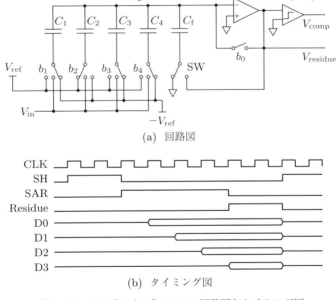

(a) 回路図

(b) タイミング図

図 7.13 パイプライン化 SAR の回路図とタイミング図

[†] フラッシュ型を 2 ステップ化したときのコンパレータ数の削減と同じ理屈である。

行う。また，b_0 は開き，オペアンプをコンパレータのプリアンプとして使用する。残渣増幅モードでは，SW をオペアンプの出力に切り替えて C_f をフィードバック容量として使用する。このとき，電荷再配分により残渣が増幅され，$V_{residue}$ が得られる。これを次段入力とすることでパイプライン動作が可能になる。

　SAR 型 A/D 変換器は高速化に難点があるが，タイムインターリーブ化することで高速化が可能である。実際，6+6 ビットのパイプライン化 SAR 型 A/D 変換器を 16 チャネル分用意して高速動作（1.35 GS/s）を実現した例[120] が報告されている。残渣増幅にはオペアンプが必要で，SAR 型 A/D 変換器の低消費電力性能を生かすためには，その消費電力を削減する必要がある。そのために，前節で述べたダイナミックアンプ[57],[121] やリングアンプ[106] が採用されている。また，残渣転送にパッシブ回路を採用してオペアンプの一部を省略した回路[122] も提案されている。そのほかにも興味深い報告例[123]〜[127] があるので，興味のある読者は参照していただきたい。

7.3.2　ノイズシェイピング SAR

　SAR 型 A/D 変換器にノイズシェイピング機能を組み込んだ（著者が知る限り）最初の提案[128] を図 **7.14** に示す。量子化雑音をサンプル/ホールドして，つぎの比較サイクル時の参照電圧として利用する。図 (b) に示す z 変換表示から，$(1+z^{-1})^{-1}$ のシェイピングが実現できることがわかる。ただし，これは，6.2 節で示した通常の 1 次シェイピング特性 $(1-z^{-1})$ とは異なり，$z=1$（dc 入力）が極ではないため，十分なノイズシェイピング特性は得られない。通常の 1 次シェイピング特性を実現するためには，積分器をさらに追加する必要がある[128]。

　オペアンプを使い積分機能を SAR 型 A/D 変換器に組み込んだ回路例[129] を図 **7.15** に示す。この回路では，容量値の等しい二つの容量 C_1 と C_2 を用いてシリアル型 D/A 変換器を構成している。まず，ϕ_4, ϕ_5 を閉じ，入力 V_{in} を C_2 でサンプリングし，C_f を放電する。同時に ϕ_1 を閉じて C_1 を V_{ref} で充電

7.3 ハイブリッド A/D 変換器　　243

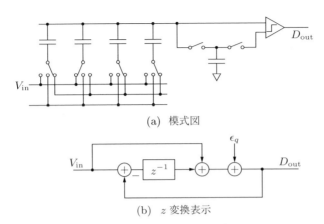

図 7.14　SAR 出力のノイズシェイピング回路の模式図と z 変換表示

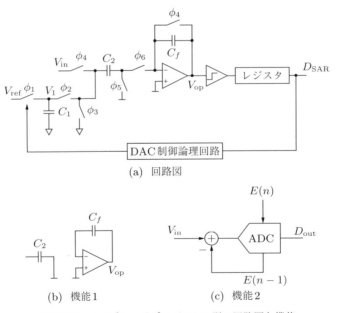

図 7.15　ノイズシェイピング SAR 型の回路図と機能

する。つぎに，ϕ_1, ϕ_4, ϕ_5 を開け，ϕ_3, ϕ_6 を閉じ，サンプリングした入力電荷を C_f に転送する。このとき，オペアンプの出力 V_{op} は V_{in} と等しくなる。

つぎに，SAR 変換モードで MSB 判定を行う。まず，ϕ_6 を閉じたままで ϕ_3 を開き，ϕ_2 を閉じることで，$V_1 = V_{ref}/2$ となる。同時に，$C_2 V_{ref}/2$ の電荷が C_f に転送され，コンパレータ入力は $V_{op} = V_{in} - V_{ref}/2$ となり，その正負で MSB が決まる。もし MSB が 0 なら，$C_2 V_{ref}/2$ を C_f から引き抜かなければならない。そのために，ϕ_6 を閉じたままで ϕ_2 を開き，ϕ_3 を閉じると $V_{op} = V_{in}$ に戻る。この状態で MSB-1 判定に進む。もし MSB が 1 なら，そのままの状態で MSB-1 判定に進む。

MSB-1 判定では，まず，ϕ_6 を開け，ϕ_3 と ϕ_5 を閉じて C_2 を放電する。つぎに，ϕ_2 と ϕ_6 を閉じると $V_1 = V_{ref}/4$ となる。同時に，$C_2 V_{ref}/4$ の電荷が C_f に転送され，MSB-1 を決めることができる。以下同様にして SAR 変換を続ける。

オペアンプを使い，フィードバック容量に前回のサンプル値に対する量子化誤差が残っていることがポイントである。すなわち，図 7.15 (b) で

$$V_{op} = V_{in}(n-1) - V_{DAC}(n-1) \tag{7.9}$$

が成り立つ。フィードバック容量を放電せずにつぎのサンプリングを行うと，図 7.15 (c) に示すように，次回の入力から

$$E(n-1) = V_{DAC}(n-1) - V_{in}(n-1) \tag{7.10}$$

だけ差し引かれた値を SAR 変換することになる。したがって

$$D_{out}(n) = V_{in}(n) + E(n) - E(n-1) \tag{7.11}$$

となり，1 次のシェイピング特性 $1 - z^{-1}$ が実現できることになる。

パイプライン化 SAR と同様に，オペアンプを導入したために消費電力の増加が懸念される。これに対して，パッシブ構成にして低消費電力化を図った例[130] が報告されている。また，多ビット $\Delta\Sigma$ 変調器で用いられてきた DEM の手

法を採用した3次シェイピング構成[130]も提案されている。この構成はエラーフィードバック型と呼ばれる$\Delta\Sigma$変調器[67]の量子化器をSAR型A/D変換器で置き換えたものと等価であることが指摘されている[129]。この構成はフィードバック経路にアナログ積分回路があり，その不完全性はシェイピングの対象にならない。このため，1ビット量子化器（コンパレータ）を使った通常の$\Delta\Sigma$変調器ではあまり採用されてこなかった。しかし，コンパレータをSAR型A/D変換器で置き換えて多ビット化したため量子化誤差を小さくできることから，この欠点がカバーできる可能性があり，注目されている。

7.4 デジタル支援技術

データ変換器の高分解能化手法として，歴史的には，D/A変換器のレーザトリミング技術[131]が広く知られている。これは，少し小さめの抵抗値を持つ薄膜抵抗をあらかじめ作製し，レーザで薄膜に溝を入れること（トリミング）で電流経路を絞り，所望の値まで抵抗値が高くなるよう調整する技術である。オンウェハプローバで抵抗値をモニタしながら回路を個別にトリミングするため，精度は高いが，生産性が低く高価である。また，使用中の経時変化や環境変化には対応できない。これに対して，近年，高性能化が著しいデジタル回路を利用してアナログ回路の弱点を補強し，データ変換器の高分解能化を図る手法が注目を浴びている。

本書ではこれまでにも，例えば4.5節および6.5節で説明した電流切替型D/A変換器において，動的要素マッチング（DEM）を利用した電流源ミスマッチ低減化手法を説明した†。また，フラッシュ型A/D変換器（5.2節）でバブルエラーを除去するためにワラスツリーを採用したり，SAR型（5.4節）やパイプライン型A/D変換器（5.6節）に冗長性判定を導入することで，判定誤りを修正できることを説明した。さらに，オーバーサンプリング型A/D変換器（6章）

---

† 興味ある読者は，最近の解説記事[132]も参照していただきたい。

では，低分解能量子化のあとでデジタル信号処理技術を行うことにより，高分解能化を実現できることを説明した．これらは，量子化誤差が大きかったとしても，あるいは，なんらかの変換誤差があったとしても，その後の信号操作で最終的な変換誤差を小さくするように**校正**（calibration）[†]する手段であった．

これに対して，なんらかの方法で変換誤差を評価し，その情報に基づき変換器にフィードバックすることで誤変換を解消し，変換分解能を高めようとする手法が知られている．以下では，このようなフィードバック機能を備え，素子間のミスマッチやコンパレータのオフセット誤差，ゲイン誤差に起因する変換誤差を対象として，データ変換器を校正する手法を紹介する．デジタル領域も含めた A/D 変換器校正のブロック図[133]を**図 7.16** に示す．A/D 変換で得たデジタル値を再び D/A 変換して入力と比較し，その誤差を小さくするための補正アルゴリズムに基づき，デジタル領域またはアナログ領域で補正する方法である．

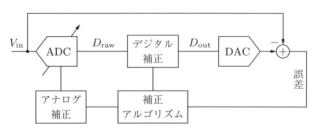

図 7.16 デジタル校正のモデル図

校正では，**フォアグランド**（foreground, **FG**）**校正**と**バックグランド**（background, **BG**）**校正**の二つの手法が知られている．前者は実際の信号の変換を中断し，試験信号を用いて校正を行うこと，後者は実際の変換を中断することなく常時校正を行うことである．FG 校正は電源立ち上げ時や，動作環境の変化が認められたときに行われる．BG 校正は変換中断がなく便利なようだが，課

[†] 意味が近い言葉として**補償**（compensation）と**補正**（correction）がある．前者は，オペアンプの位相補償のように原因がわかっていてそれを修正するとき，後者は一般に誤りを修正するときに使用されることが多い．これに対して，原因はともかくとして，なんらかの方法で正しい値との差を小さくすることを，本書では校正と呼ぶことにする．

題もある。BG 校正では，入力信号の性質によらず収束時間や追従時間が一定であること，あるいは，予測可能であることが望ましい。しかし，例えば信号強度分布が一様でないときや，信号にある特定の周期波が含まれるとき，また，入力範囲をオーバーしているときは，収束性に問題が発生する可能性があり，注意が必要である。現時点では，どちらかが特に優れているわけではなく，さまざまな場面で両者が使い分けられている。

7.4.1 フォアグランド校正

（１）**逐次近似型 A/D 変換器**　SAR 型 A/D 変換器の古典的なデジタル校正例[42]を図 **7.17** に示す。2 の重み付け容量 DAC で容量ミスマッチがなければ，5.4 節で説明したように，最上位ビット（MSB）判定に用いる容量 C_1 の値はその他の容量（C_2 から C_{NA}）の総和に等しい。実際には，ミスマッチのため，それらは等しくない。その差を別に用意した A/D 変換器（図中では

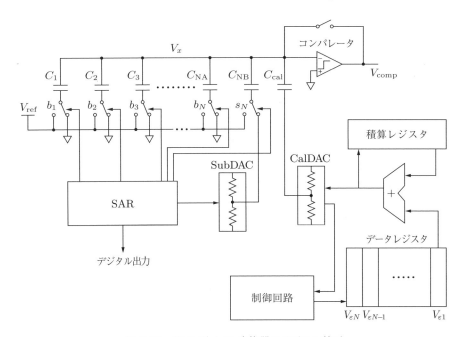

図 **7.17**　SAR 型 A/D 変換器のデジタル校正

CalDAC) で測定し,デジタル値としてデータレジスタに記憶させる.実際の変換ではそのデータを読み出し,内蔵 D/A 変換器(同じく,図中の CalDAC)で補正用アナログ値を発生させ,電圧 V_x を正しい値に補正する.これにより,容量ミスマッチによる判定誤り発生を抑止する.集積回路製造工程上の容量ミスマッチは 0.1% 程度であり,これはほぼ 10 ビット分解能に相当する.この校正法により分解能を 15 ビットに改善できたことが報告されている[42].以下では,ミスマッチ測定と電圧 V_x にフィードバックする手順を,おもに MSB を対象として説明する.

図 7.18 (a) で C_1 は MSB 判定に用いる容量,C_{2-N} は容量 DAC を構成する残りのすべての容量を表す.まず,この図のように,C_1 を GND に,残りのすべての容量 C_{2-N} を V_{ref} に接続する.コンパレータは入力と出力を接続し,リセット状態とする.このとき,オペアンプの仮想接地と同様に $V_x = 0$ となる.つぎに,図 (b) に示すとおり,C_1 を V_{ref} に,C_{2-N} を GND につなぎ替える.また,コンパレータのリセット状態を解除する.コンパレータの反転入力端子は高インピーダンスであるから,この操作の前後で C_1 と C_{2-N} の上部電

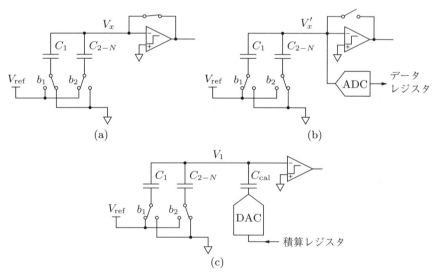

図 **7.18** MSB に対する校正

極に蓄えられた電荷の総量は変わらない.したがって

$$-C_{2-N}V_{\text{ref}} = C_1\left(V_x' - V_{\text{ref}}\right) + C_{2-N}V_x' \tag{7.12}$$

となり,反転入力ノードの電圧 V_x' は

$$V_x' = \frac{C_1 - C_{2-N}}{C_1 + C_{2-N}}V_{\text{ref}} \tag{7.13}$$

と求まる.もし,ミスマッチがなく $C_1 = C_{2-N}$ なら,$V_x' = 0$ である.

ミスマッチのため $C_1 \neq C_{2-N}$ となるときを考えてみよう.C_1 の理想値からの変化分を ΔC_1 とすると

$$C_1 = \frac{C_{\text{total}}}{2} + \Delta C_1 \tag{7.14}$$

$$C_{2-N} = \frac{C_{\text{total}}}{2} - \Delta C_1 \tag{7.15}$$

と書ける.ここで,C_{total} は容量 DAC を構成するすべての容量値の合計である.これらの式を式 (7.13) に代入し整理すると

$$V_x' = \frac{2\Delta C_1}{C_{\text{total}}}V_{\text{ref}} \tag{7.16}$$

を得る.この値を A/D 変換してデジタル値としてレジスタに保存する.

一方,図 (c) に示すように,C_1 を V_{ref} に接続し通常の MSB 判定を行うとすると

$$\begin{aligned}V_1 &= \frac{C_1 + \Delta C_1}{C_{\text{total}}}V_{\text{ref}} \\ &= \frac{1}{2}V_{\text{ref}} + \frac{\Delta C_1}{C_{\text{total}}}V_{\text{ref}}\end{aligned} \tag{7.17}$$

を得る.右辺第 2 項が容量変動に起因する閾値電圧の変化である.式 (7.16) と比較すると,それは,図 (a), (b) の操作で得られる電圧の 1/2 であることがわかる.したがって,実際の MSB 判定で,図 (b) でレジスタに保存させたデジタル値を読み出し,その 1/2 に相当する値を D/A 変換し,C_{cal} を介してコンパレータの反転端子に供給することで,C_1 のミスマッチ分を補正した正しい電圧を V_1 として再現できる.

つぎに，MSB-1 判定について補正を行わなければならないが，これは，C_1 を GND に接続した状態で，C_2 と残りのすべての容量 C_{3-N} に関して，前述の操作を繰り返せばよい．しかし，このとき，C_1 のミスマッチの影響が残っていることを考慮する必要がある．すなわち，C_2 のミスマッチを ΔC_2 とすると

$$C_2 = \frac{C_{\text{total}}}{4} + \Delta C_2 \tag{7.18}$$

であるが，残りの容量の総和は

$$C_{3-N} = \frac{C_{\text{total}}}{4} - \Delta C_1 - \Delta C_2 \tag{7.19}$$

と書けることに注意しなければならない．この手順を繰り返すことで，各容量のミスマッチをデジタルデータとして保存できる．

実際の変換時は，各容量を V_{ref} につないだときだけ，レジスタからデータを読み出し，コンパレータの反転端子の電圧を補正していく．このとき，式 (7.19) に示したように，上位ビットに相当する容量のミスマッチ分が下位ビットに引き継がれるため，図 7.17 に示したような累積レジスタを用いて，補正分を足し合わせていく必要があることに注意する．

（2） **パイプライン型 A/D 変換器**　パイプライン型 A/D 変換器の FG 校正例[134]について説明する．図 5.43 に示した 1.5 ビット/段の回路図を**図 7.19** として再掲する．回路が理想的だと仮定すれば，$V_{\text{out}} = 2V_{\text{in}} - D_{\text{out}} V_{\text{ref}}$ と書

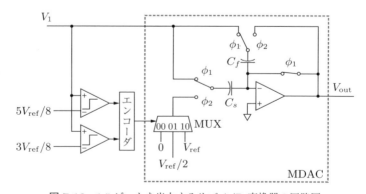

図 **7.19**　1.5 ビットを出力するサブ A/D 変換器の回路図

けるから

$$V_{\text{in}} = \frac{1}{2}V_{\text{out}} + \frac{1}{2}D_{\text{out}}V_{\text{ref}} \tag{7.20}$$

が得られる．実際には，容量のミスマッチや寄生容量，有限ゲインのため，非線形性とゲイン誤差を考える必要がある．非線形性を 3 次で近似すると

$$V_{\text{in,approx}} = \alpha_1 V_{\text{out}} + \alpha_3 V_{\text{out}}^3 + \frac{1}{2}(1-\epsilon)D_{\text{out}}V_{\text{ref}} \tag{7.21}$$

と書ける．ここで，ϵ は二つの容量間のミスマッチ量で $C_f = C(1+\epsilon)$，$C_s = C(1-\epsilon)$ である．オペアンプのゲインが大きければ大きいほど，MDAC のゲインを 2 に近づけることができる．しかし，そのためには消費電力が大きくなる上，微細化プロセスでは MOSFET の出力抵抗を大きくすることが困難で，オペアンプのゲインが低下する大きな要因となっている．そのため，アンプの非線形性とともに，ゲイン校正が重要である．

各段の校正は最終段から初段に向かって行う．例えば，j 段目の校正を行うときは，$(j+1)$ 段目以降の段はすでに校正済みで理想的特性を持つと想定し，式 (7.21) に基づきゲインと非線形性を補正する．その方法を図 **7.20** に示す．

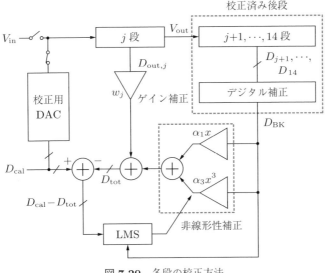

図 **7.20** 各段の校正方法

入力には，専用の高精度校正用 D/A 変換器により発生させたアナログ信号を用いる．式 (7.21) の右辺第 3 項の D_{out} は図 7.20 の $D_{\text{out},j}$ に相当し，w_j（理想的には $(1/2)^j$）を調整することでゲイン補正を行う．式 (7.21) の右辺第 1 項と第 2 項は j 段目の非線形性の逆特性に相当し，図 7.20 の α_1 と α_3 を調整することで非線形性補正を行う．求めたデジタル出力 D_{tot} と入力デジタル値 D_{cal} の差を誤差関数と見なし，最小 2 乗（least mean square, LMS）法により，それが最小になるように w_j および α_1, α_3 を修正する．

　13 段の 1.5 ビット/段と 1 ビットの最終段からなる全体の構成を図 **7.21** に示す．初段と 2 段目は分解能に大きな影響を及ぼすため，MDAC 内のオペアンプの残渣ゲイン誤差，および，容量ミスマッチに起因する DAC 変換ゲイン誤差，非線形誤差について校正を行う．つぎの 4 段については，残渣ゲイン誤差，および，DAC 変換ゲイン誤差を校正する．残りの 7 段分については，残渣ゲイン誤差のみの校正を行う．

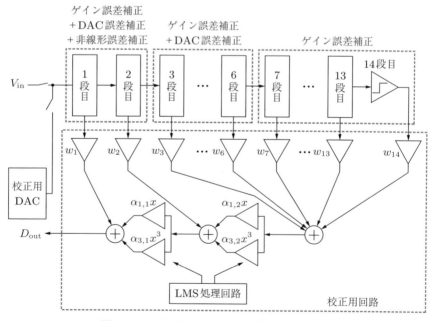

図 **7.21**　パイプライン型 A/D 変換器の FG 校正

（3） その他の A/D 変換器　　フラッシュ型 A/D 変換器のコンパレータオフセットを校正する例[135)]を図 **7.22** に示す。図で左半分はプリアンプとラッチから構成されたコンパレータ 1 である。右半分の電流源群は 4 ビット電流切替型 D/A 変換器である。また，そのコピーであるコンパレータ 2 を用意しておく。校正は最初にコンパレータ 1 を使って，その正負の入力端子に同じ電圧を印加する。また，D/A 変換器のスイッチ b_i は，図のようにすべて左側に倒しておく。このとき，D/A 変換器の電流はプリアンプの左側の経路に集中して流れるため，差動出力 V_out は正になる。この状態で，D/A 変換器のスイッチを b_1 から b_2, b_3 と順に右側に切り替えていくと，プリアンプの右側の経路に流れる電流が増加し V_out は減少する。V_out が正から負に切り替わるときのスイッチ状態を維持することで，コンパレータのオフセットを最小にすることができる。すべてのスイッチを右側に倒しても出力が負にならなかったり，最初から出力が負のときは，校正範囲外であると判定し，第 2 のコンパレータ 2 に切り替えて，同じ操作を繰り返す。以上の校正方法は，D/A 変換器を用いた電気的なトリミングともいえる。また，二つのコンパレータを準備するという冗長性により，校正範囲を拡大している。これにより，フラッシュ型 A/D 変換器の線形性が改善でき，SNDR が向上したことが報告された。

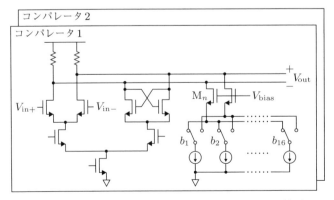

図 **7.22**　フラッシュ型 A/D 変換器のフォアグランド校正

多ビット $\Delta\Sigma$ 型 D/A 変換器の校正例[136]を図 **7.23** に示す。この例では出力に多ビット D/A 変換器を用いているため，この D/A 変換器の非線形性によりアナログ出力に歪が含まれることになる†。校正のためには，ランプ波をデジタル化した入力を試験信号として使うことで，出力用 D/A 変換器の非線形性をあらかじめオフラインで測定する。つぎに，フィードバック経路の EPROM に同じ非線形性を記憶させる。フィードバックのゲインが十分大きければ，入力信号とフィードバック信号は等しくなる。いまの場合，フィードバック信号は DAC 出力と同じであるから，出力信号が入力信号と等しくなり，非線形性は除去できることになる。同様の手法は $\Delta\Sigma$ 型 D/A 変換器だけではなく $\Delta\Sigma$ 型 A/D 変換器にも適用できることが提案[136]されている。

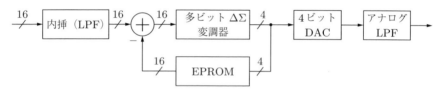

図 **7.23** 多ビット $\Delta\Sigma$ 型 D/A 変換器のフォアグランド校正

7.4.2 バックグランド校正

フラッシュ型 A/D 変換器への適用を想定した BG 校正コンパレータの例[137]とその収束の様子を図 **7.24** に示す。V_i は入力，$V_{R,j}$ は j 番目の参照電圧である。$q(k)$ は k クロック目の制御信号で，V_i とは相関関係がなく，ランダムに ± 1 の値を持つとする。CHP1 はアナログチョッパで，$q(k) = 1$ なら入力 V_i と $V_{R,j}$ をそのまま後段に伝え，$q(k) = -1$ なら入れ替えて後段に伝える。CHP2 はデジタルチョッパで，$q(k) = 1$ なら入力をそのまま，$q(k) = -1$ なら入力を反転させて後段に伝える。コンパレータには入力換算オフセット電圧 V_{OS} があるとする。図 (b) は，$V_i - V_{R,j}$ の確率密度関数（PDF）を示している。$q(k) = 1$

---

† 1 ビット D/A 変換器を用いて歪発生を抑止することは，6.5 節で述べた。

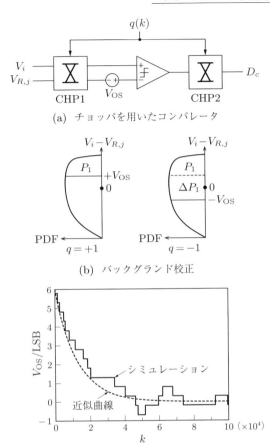

図 7.24 フラッシュ型 A/D 変換器のバックグランド校正と収束例

のとき，コンパレータ出力 D_c が 1 になる確率を P_1[†] とする．一方，$q(k) = -1$ のとき，コンパレータ出力 D_c が 1 になる確率を $P_1 + \Delta P_1$ とする．このとき，ΔP_1 の極性を知ることで V_{OS} の極性を知ることができるため，それに従って V_{OS} を最小化するように調節できることになる．

図 (c) は，シミュレーションにより得られたオフセット電圧の調整結果を示

[†] P_1 および ΔP_1 は，図 7.24 (b) における領域の面積を意味する．

している。シミュレーション結果は

$$V_{\text{OS}}(k) = V_{\text{OS}}(0) \exp\left(-\frac{k}{\tau_c}\right) \tag{7.22}$$

で近似できる。時定数 τ_c が短いほど追従性が良くなる。τ_c は V_{OS} を変化させるために必要な ΔP_1 の変化幅の閾値や，1 回の V_{OS} 調整における変化幅，確率分布の形状などに依存する。小さな閾値で変化幅が大きいほど，また，確率分布の形状が尖っているほど，τ_c は短くなる[137]。

パイプライン型 A/D 変換器に用いるコンパレータのオフセット（BG）校正例[115]を図 7.25 に示す。このコンパレータは二つの差動入力の大小を判定する。コンパレータは，1 サンプリング周期内で ϕ_1 および ϕ_3 と 2 回の判定を行う。ϕ_3 が実際の比較フェーズで，その前のフェーズ ϕ_2 では，コンパレータが実際の入力信号 $V_{\text{in,pos}}$ および $V_{\text{in,neg}}$ と接続されていて，その大小比較を行う。その前のフェーズ ϕ_4 でゼロ入力となっている ϕ_1 は校正フェーズで，大小比較結果 $V_{\text{out,comp}}$ をシリアル型 D/A 変換器に伝える。C_{offset} と C_{step} はシリアル動作の D/A 変換器である。もし ϕ_1 で V_{DD} と接続されていれば，つぎの ϕ_2 の電荷再配分で V_{offset} は増加する。また，ϕ_1 で GND と接続されていれば，つぎの ϕ_2 の電荷再配分で V_{offset} は減少する。V_{offset} を変化させることで，コンパレータのオフセットを調節できる。

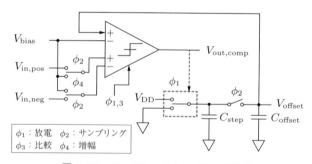

図 7.25 コンパレータのオフセット校正

7.4.3 ま と め

テクノロジーの進化とともに，より強力なデジタル支援が期待できるが，A/D変換器本体に対して細心の注意を払って設計することが基本であることに，変わりはない。どうしても足りない部分をデジタル的に校正するというのが基本であろう。ただ，デジタル校正と相性が良いアナログ設計を模索していくことは重要である。例えば，パイプラインのMDACのゲインを正確に2とするためには，大きなオペアンプゲインが必要になる。そこで，その代わりに，有限ゲインのため正確に2とはならないとしても，それを校正しやすい構成を考えていくことも重要であろう。また，A/D変換器の応用分野は広く，強力な汎用校正手段が見つかる可能性は低い。特定の応用で要求される仕様の細部に配慮し，それに特化した校正手法の開発が避けられないと考えられる。

引用・参考文献

1) W. Kester, "A brief history of data conversion: A tale of nozzles, relays, tubes, transistors, and CMOS," *IEEE Solid-State Circuits Magazine*, vol. 7, no. 3, pp. 16–37, Summer 2015.

2) D. Robertson, "50 years of analog development at ISSCC," in *2003 IEEE International Solid-State Circuits Conference, 2003. Digest of Technical Papers. ISSCC.*, Feb 2003, pp. 23–24.

3) B. Murmann, "*ADC Performance Survey 1997-2018*," [Online]. Available: http://web.stanford.edu/~murmann/adcsurvey.html.

4) D. H. Robertson, "Problems and solutions: How applications drive data converters (and how changing data converter technology influences system architecture)," *IEEE Solid-State Circuits Magazine*, vol. 7, no. 3, pp. 47–57, Summer 2015.

5) R. Gregorian and G. Temes, *Analog MOS integrated circuits for signal processing*, Wiley series on filters. Wiley, 1986. [Online]. Available: https://books.google.co.jp/books?id=GQBTAAAAMAAJ

6) R. J. van de Plassche, *CMOS Integrated Analog-to-Digital and Digital-to-Analog Converters, 2nd Ed.* Springer, 2003.

7) F. Maloberti, *Data Converters.* Springer, 2007. [Online]. Available: https://books.google.co.jp/books?id=Kvo7cjmaEpkC

8) G. Manganaro, *Advanced Data Converters.* Cambridge, 2013.

9) M. Pelgrom, *Analog-to-Digital Conversion.* Springer International Publishing, 2016. [Online]. Available: https://books.google.co.jp/books?id=mPQqDQAAQBAJ

10) W. Kester (Ed.), *The Data Conversion Handbook*, Analog Devices series. Elsevier, 2005. [Online]. Available: https://books.google.co.jp/books?id=0aeBS6SgtR4C

11) J. Cherry and W. Snelgrove, *Continuous-Time Delta-Sigma Modulators for High-Speed A/D Conversion: Theory, Practice and Fundamental*

Performance Limits, The Springer International Series in Engineering and Computer Science. Springer US, 1999. [Online]. Available: https://books.google.co.jp/books?id=P07fNisLCFoC

12) S. Pavan, R. Schreier, and G. Temes, *Understanding Delta-Sigma Data Converters*, IEEE Press Series on Microelectronic Systems. Wiley, 2017. [Online]. Available: https://books.google.co.jp/books?id=JBauDQAAQBAJ

13) R. Gregorian, *Introduction to CMOS OP-AMPs and comparators*, A Wiley-Interscience publication. Wiley, 1999. [Online]. Available: https://books.google.co.jp/books?id=uxFTAAAAMAAJ

14) R. Baker, *CMOS: Circuit Design, Layout, and Simulation*, IEEE Press Series on Microelectronic Systems. Wiley, 2011. [Online]. Available: https://books.google.co.jp/books?id=kxYhNrOKuJQC

15) T. Carusone, D. Johns, and K. Martin, *Analog Integrated Circuit Design*, Analog Integrated Circuit Design. Wiley, 2012. [Online]. Available: https://books.google.co.jp/books?id=hNvNygAACAAJ

16) A. Sedra and K. Smith, *Microelectronic Circuits*, Oxford Series in Electrical and Computer Engineering. Oxford University Press, 2014. [Online]. Available: https://books.google.co.jp/books?id=idO-oQEACAAJ

17) M. Verhelst and A. Bahai, "Where analog meets digital: Analog-to-information conversion and beyond," *IEEE Solid-State Circuits Magazine*, vol. 7, no. 3, pp. 67–80, Summer 2015.

18) B. Shoop, *Photonic Analog-to-Digital Conversion*, Springer Series in Optical Sciences. Springer Berlin Heidelberg, 2012. [Online]. Available: https://books.google.co.jp/books?id=kRfyCAAAQBAJ

19) C. Azeredo-Leme, "Clock jitter effects on sampling: A tutorial," *IEEE Circuits and Systems Magazine*, vol. 11, no. 3, pp. 26–37, third quarter 2011.

20) B. Razavi, "Design of sample-and-hold amplifiers for high-speed low-voltage A/D converters," in *Proceedings of CICC 97 - Custom Integrated Circuits Conference*, May 1997, pp. 59–66.

21) ——, "The bootstrapped switch [a circuit for all seasons]," *IEEE Solid-State Circuits Magazine*, vol. 7, no. 3, pp. 12–15, Summer 2015.

22) K. R. Stafford, R. A. Blanchard, and P. R. Gray, "A complete monolithic

sample/hold amplifier," *IEEE Journal of Solid-State Circuits*, vol. 9, no. 6, pp. 381–387, Dec 1974.

23) G. Erdi and P. R. Henneuse, "A precision FET-less sample-and-hold with high charge-to-droop current ratio," *IEEE Journal of Solid-State Circuits*, vol. 13, no. 6, pp. 864–873, Dec 1978.

24) P. Vorenkamp and J. P. M. Verdaasdonk, "Fully bipolar, 120-Msample/s 10-b track-and-hold circuit," *IEEE Journal of Solid-State Circuits*, vol. 27, no. 7, pp. 988–992, Jul 1992.

25) A. Moriyama, S. Taniyama, and T. Waho, "A low-distortion switched-source-follower track-and-hold circuit," in *2012 19th IEEE International Conference on Electronics, Circuits, and Systems (ICECS 2012)*, Dec 2012, pp. 105–108.

26) M. Dessouky and A. Kaiser, "Very low-voltage digital-audio $\Sigma\Delta$ modulator with 88-dB dynamic range using local switch bootstrapping," *IEEE Journal of Solid-State Circuits*, vol. 36, no. 3, pp. 349–355, Mar 2001.

27) C. Svensson, "Towards power centric analog design," *IEEE Circuits and Systems Magazine*, vol. 15, no. 3, pp. 44–51, third quarter 2015.

28) W. Sansen and C. Svensson, "Comments on the paper 'Towards power centric analog design' by Christer Svensson," *IEEE Circuits and Systems Magazine*, vol. 16, no. 1, pp. 87–88, First quarter 2016.

29) A. Yukawa, "A CMOS 8-bit high-speed A/D converter IC," *IEEE Journal of Solid-State Circuits*, vol. 20, no. 3, pp. 775–779, June 1985.

30) M. van Elzakker, E. van Tuijl, P. Geraedts, D. Schinkel, E. Klumperink, and B. Nauta, "A 1.9 μW 4.4fJ/Conversion-step 10b 1MS/s charge-redistribution ADC," in *2008 IEEE International Solid-State Circuits Conference - Digest of Technical Papers*, Feb 2008, pp. 244–610.

31) B. Razavi, "The strongARM latch [a circuit for all seasons]," *IEEE Solid-State Circuits Magazine*, vol. 7, no. 2, pp. 12–17, Spring 2015.

32) R. E. Suarez, P. R. Gray, and D. A. Hodges, "All-mos charge-redistribution analog-to-digital conversion techniques. II," *IEEE Journal of Solid-State Circuits*, vol. 10, no. 6, pp. 379–385, Dec 1975.

33) R. J. V. D. Plassche, "Dynamic element matching for high-accuracy monolithic D/A converters," *IEEE Journal of Solid-State Circuits*, vol. 11, no. 6, pp. 795–800, Dec 1976.

34) D. W. J. Groeneveld, H. J. Schouwenaars, H. A. H. Termeer, and C. A. A. Bastiaansen, "A self-calibration technique for monolithic high-resolution D/A converters," *IEEE Journal of Solid-State Circuits*, vol. 24, no. 6, pp. 1517–1522, Dec 1989.

35) J. Briaire, "Error reduction in a digital-to-analog (DAC) converter," Jul.1 2008, US Patent 7394414 B2.

36) M. Choi and A. A. Abidi, "A 6-b 1.3-Gsample/s A/D converter in 0.35-μm CMOS," *IEEE Journal of Solid-State Circuits*, vol. 36, no. 12, pp. 1847–1858, Dec 2001.

37) I. Dedic, "56GS/s ADC: Enabling 100GbE," in *2010 Conference on Optical Fiber Communication (OFC/NFOEC), collocated National Fiber Optic Engineers Conference*, March 2010, pp. 1–3.

38) B. Nauta and A. G. W. Venes, "A 70-MS/s 110-mW 8-b CMOS folding and interpolating A/D converter," *IEEE Journal of Solid-State Circuits*, vol. 30, no. 12, pp. 1302–1308, Dec 1995.

39) W. M. Goodall, "Telephony by pulse code modulation*," *Bell System Technical Journal*, vol. 26, no. 3, pp. 395–409, 1947. [Online]. Available: http://dx.doi.org/10.1002/j.1538-7305.1947.tb00902.x

40) S. W. M. Chen and R. W. Brodersen, "A 6-bit 600-MS/s 5.3-mW asynchronous ADC in 0.13-μm CMOS," *IEEE Journal of Solid-State Circuits*, vol. 41, no. 12, pp. 2669–2680, Dec 2006.

41) J. L. McCreary and P. R. Gray, "All-MOS charge redistribution analog-to-digital conversion techniques. I," *IEEE Journal of Solid-State Circuits*, vol. 10, no. 6, pp. 371–379, Dec 1975.

42) H. S. Lee, D. A. Hodges, and P. R. Gray, "A self-calibrating 15 bit CMOS A/D converter," *IEEE Journal of Solid-State Circuits*, vol. 19, no. 6, pp. 813–819, Dec 1984.

43) J. Craninckx and G. van der Plas, "A 65fJ/conversion-step 0-to-50MS/s 0-to-0.7mW 9b charge-sharing SAR ADC in 90nm digital CMOS," in *2007 IEEE International Solid-State Circuits Conference. Digest of Technical Papers*, Feb 2007, pp. 246–600.

44) B. P. Ginsburg and A. P. Chandrakasan, "500-MS/s 5-bit ADC in 65-nm CMOS with split capacitor array DAC," *IEEE Journal of Solid-State Circuits*, vol. 42, no. 4, pp. 739–747, April 2007.

45) ——, "An energy-efficient charge recycling approach for a SAR converter with capacitive DAC," in *2005 IEEE International Symposium on Circuits and Systems*, May 2005, pp. 184–187 Vol. 1.

46) C.-C. Liu, S.-J. Chang, G.-Y. Huang, and Y.-Z. Lin, "A 0.92mW 10-bit 50-MS/s SAR ADC in 0.13μm CMOS Process," in *2009 Symposium on VLSI Circuits Digest of Technical Papers*, June 2009, pp. 236–237.

47) Z. Cao, S. Yan, and Y. Li, "A 32 mW 1.25 GS/s 6b 2b/step SAR ADC in 0.13 μm CMOS," *IEEE Journal of Solid-State Circuits*, vol. 44, no. 3, pp. 862–873, March 2009.

48) N. Sugiyama, H. Noto, Y. Nishigami, R. Oda, and T. Waho, "A low-power successive approximation analog-to-digital converter based on 2-bit/step comparison," in *2010 40th IEEE International Symposium on Multiple-Valued Logic*, May 2010, pp. 325–330.

49) Z. Boyacigiller, B. Weir, and P. Bradshaw, "An error-correcting 14b/20 μs CMOS A/D converter," in *1981 IEEE International Solid-State Circuits Conference. Digest of Technical Papers (ISSCC)*, 1981, pp. 62–63.

50) F. Kuttner, "A 1.2V 10b 20MSample/s non-binary successive approximation ADC in 0.13-μm CMOS," in *2002 IEEE International Solid-State Circuits Conference. Digest of Technical Papers (Cat. No.02CH37315)*, vol. 1, Feb 2002, pp. 176–177.

51) T. Ogawa, H. Kobayashi, Y. Takahashi, N. Takai, M. Hotta, H. San, T. Matsuura, A. Abe, K. Yagi, and T. Mori, "SAR ADC algorithm with redundancy and digital error correction," *IEICE Trans. Fundamentals*, vol. E93-A, no. 2, pp. 415–423, Feb 2010.

52) B. Razavi, "A tale of two ADCs: Pipelined versus SAR," *IEEE Solid-State Circuits Magazine*, vol. 7, no. 3, pp. 38–46, Summer 2015.

53) P. Harpe, "Successive approximation analog-to-digital converters: Improving power efficiency and conversion speed," *IEEE Solid-State Circuits Magazine*, vol. 8, no. 4, pp. 64–73, Fall 2016.

54) S. H. Lewis, "Optimizing the stage resolution in pipelined, multistage, analog-to-digital converters for video-rate applications," *IEEE Transactions on Circuits and Systems II: Analog and Digital Signal Processing*, vol. 39, no. 8, pp. 516–523, Aug 1992.

55) 樋口龍雄, 亀山充隆, 多値情報処理—ポストバイナリエレクトロニクス． 昭晃

堂, 1989.

56) S. Devarajan, L. Singer, D. Kelly, S. Kosic, T. Pan, J. Silva, J. Brunsilius, D. Rey-Losada, F. Murden, C. Speir, J. Bray, E. Otte, N. Rakuljic, P. Brown, T. Weigandt, Q. Yu, D. Paterson, C. Petersen, and J. Gealow, "A 12b 10GS/s interleaved pipeline ADC in 28nm CMOS technology," in *2017 IEEE International Solid-State Circuits Conference (ISSCC)*, Feb 2017, pp. 288 289.

57) B. Verbruggen, K. Deguchi, B. Malki, and J. Craninckx, "A 70 dB SNDR 200 MS/s 2.3 mW dynamic pipelined SAR ADC in 28nm digital CMOS," in *2014 Symposium on VLSI Circuits Digest of Technical Papers*, June 2014, pp. 1–2.

58) B. Hershberg, S. Weaver, K. Sobue, S. Takeuchi, K. Hamashita, and U. K. Moon, "Ring amplifiers for switched capacitor circuits," *IEEE Journal of Solid-State Circuits*, vol. 47, no. 12, pp. 2928–2942, Dec 2012.

59) B. Provost and E. Sanchez-Sinencio, "On-chip ramp generators for mixed-signal BIST and ADC self-test," *IEEE Journal of Solid-State Circuits*, vol. 38, no. 2, pp. 263–273, Feb 2003.

60) S. Yamauchi, T. Watanabe, and Y. Ohtsuka, "Ring oscillator and pulse phase difference encoding circuit," Patent US 5 416 444, 1995.

61) M. Z. Straayer and M. H. Perrott, "A multi-path gated ring oscillator tdc with first-order noise shaping," *IEEE Journal of Solid-State Circuits*, vol. 44, no. 4, pp. 1089–1098, April 2009.

62) T. Watanabe, T. Mizuno, and Y. Makino, "An all-digital analog-to-digital converter with 12-μV/LSB using moving-average filtering," *IEEE Journal of Solid-State Circuits*, vol. 38, no. 1, pp. 120–125, Jan 2003.

63) W. C. Black and D. A. Hodges, "Time interleaved converter arrays," *IEEE Journal of Solid-State Circuits*, vol. 15, no. 6, pp. 1022–1029, Dec 1980.

64) P. Schvan, J. Bach, C. Falt, P. Flemke, R. Gibbins, Y. Greshishchev, N. Ben-Hamida, D. Pollex, J. Sitch, S. C. Wang, and J. Wolczanski, "A 24GS/s 6b ADC in 90nm CMOS," in *2008 IEEE International Solid-State Circuits Conference - Digest of Technical Papers*, Feb 2008, pp. 544–634.

65) N. Kurosawa, H. Kobayashi, K. Maruyama, H. Sugawara, and K. Kobayashi, "Explicit analysis of channel mismatch effects in time-

interleaved ADC systems," *IEEE Transactions on Circuits and Systems I: Fundamental Theory and Applications*, vol. 48, no. 3, pp. 261–271, Mar 2001.

66) J. C. Candy and G. C. Temes, *Oversampling Delta-Sigma Data Converters: Theory, Design, and Simulation.* Wiley-IEEE Press, 1992. [Online]. Available: http://ieeexplore.ieee.org/xpl/articleDetails.jsp?arnumber=5312193

67) S. R. Norsworthy, R. Schreier, and G. C. Temes, *Delta-Sigma Data Converters: Theory, Design, and Simulation.* Wiley-IEEE Press, 1997. [Online]. Available: http://ieeexplore.ieee.org/xpl/articleDetails.jsp?arnumber=5273727

68) J. Markus, P. Deval, V. Quiquempoix, J. Silva, and G. C. Temes, "Incremental delta-sigma structures for dc measurement: An overview," in *IEEE Custom Integrated Circuits Conference 2006*, Sept 2006, pp. 41–48.

69) K. Nagaraj, T. Viswanathan, K. Singhal, and J. Vlach, "Switched-capacitor circuits with reduced sensitivity to amplifier gain," *IEEE Transactions on Circuits and Systems*, vol. 34, no. 5, pp. 571–574, May 1987.

70) T. Hayashi, Y. Inabe, K. Uchimura, and T. Kimura, "A multistage delta-sigma modulator without double integration loop," in *1986 IEEE International Solid-State Circuits Conference. Digest of Technical Papers*, vol. XXIX, Feb 1986, pp. 182–183.

71) M. J. M. Pelgrom, A. C. J. Duinmaijer, and A. P. G. Welbers, "Matching properties of MOS transistors," *IEEE Journal of Solid-State Circuits*, vol. 24, no. 5, pp. 1433–1439, Oct 1989.

72) J. Welz, I. Galton, and E. Fogleman, "Simplified logic for first-order and second-order mismatch-shaping digital-to-analog converters," *IEEE Transactions on Circuits and Systems II: Analog and Digital Signal Processing*, vol. 48, no. 11, pp. 1014–1027, Nov 2001.

73) S. Pavan, "Excess loop delay compensation in continuous-time delta-sigma modulators," *IEEE Transactions on Circuits and Systems II: Express Briefs*, vol. 55, no. 11, pp. 1119–1123, Nov 2008.

74) E. J. van der Zwan and E. C. Dijkmans, "A 0.2-mW CMOS $\Sigma\Delta$ modulator for speech coding with 80 dB dynamic range," *IEEE Journal of Solid-State Circuits*, vol. 31, no. 12, pp. 1873–1880, Dec 1996.

75) O. Oliaei and H. Aboushady, "Jitter effects in continuous-time ΣΔ modulators with delayed return-to-zero feedback," in *1998 IEEE International Conference on Electronics, Circuits and Systems. Surfing the Waves of Science and Technology (Cat. No.98EX196)*, vol. 1, 1998, pp. 351–354.

76) M. Ortmanns, F. Gerfers, and Y. Manoli, "Clock jitter insensitive continuous-time ΣΔ modulators," in *ICECS 2001. 8th IEEE International Conference on Electronics, Circuits and Systems (Cat. No.01EX483)*, vol. 2, Sept 2001, pp. 1049–1052.

77) O. Oliaei, "Sigma-delta modulator with spectrally shaped feedback," *IEEE Transactions on Circuits and Systems II: Analog and Digital Signal Processing*, vol. 50, no. 9, pp. 518–530, Sept 2003.

78) S. Luschas and H.-S. Lee, "High-speed ΣΔ modulators with reduced timing jitter sensitivity," *IEEE Transactions on Circuits and Systems II: Analog and Digital Signal Processing*, vol. 49, no. 11, pp. 712–720, Nov 2002.

79) M. Tanihata and T. Waho, "A feedback-signal shaping technique for multilevel continuous-time delta-sigma modulators with clock-jitter," in *36th International Symposium on Multiple-Valued Logic (ISMVL'06)*, May 2006, pp. 20–20.

80) F. Adachi, K. Machida, and T. Waho, "A bandpass continuous-time ΔΣ modulator using a parallel-DAC to reduce jitter sensitivity," in *2009 IEEE International Symposium on Circuits and Systems*, May 2009, pp. 2261–2264.

81) E. Hogenauer, "An economical class of digital filters for decimation and interpolation," *IEEE Transactions on Acoustics, Speech, and Signal Processing*, vol. 29, no. 2, pp. 155–162, Apr 1981.

82) H. Aboushady, Y. Dumonteix, M. M. Louerat, and H. Mehrez, "Efficient polyphase decomposition of comb decimation filters in ΣΔ analog-to-digital converters," *IEEE Transactions on Circuits and Systems II: Analog and Digital Signal Processing*, vol. 48, no. 10, pp. 898–903, Oct 2001.

83) M. Murozuka, K. Ikeura, F. Adachi, K. Machida, and T. Waho, "Time-interleaved polyphase decimation filter using signed-digit adders," in *2009 39th International Symposium on Multiple-Valued Logic*, May 2009, pp. 245–249.

84) H. Inose, Y. Yasuda, and J. Murakami, "A telemetering system by code

modulation - Δ-Σ modulation," *IRE Transactions on Space Electronics and Telemetry*, vol. SET-8, no. 3, pp. 204–209, Sept 1962.

85) B. E. Jonsson, *A Generic ADC FOM, Converter Passion blog*, [Online]. Available: https://converterpassion.wordpress.com/a-generic-adc-fom/, Jan., 2011.

86) ——, *Generic ADC FOM classes, Converter Passion blog*, [Online]. Available: https://converterpassion.wordpress.com/generic-adc-fom-classes/, Jan., 2011.

87) ——, "Using figures-of-merit to evaluate measured A/D-converter performance," in *2011 IMEKO IWADC & IEEE ADC Forum, Orvieto, Italy*, Jun 2011, pp. 248–253.

88) M. Vogels and G. Gielen, "Architectural selection of A/D converters," in *Proceedings 2003. Design Automation Conference (IEEE Cat. No.03CH37451)*, June 2003, pp. 974–977.

89) G. Emmert, E. Navratil, H. Parzefall, and R. Rydval, "A versatile bipolar monolithic 6-bit A/D converter for 100 MHz sample frequency," *IEEE Journal of Solid-State Circuits*, vol. 15, no. 6, pp. 1030–1032, Dec 1980.

90) R. H. Walden, "Analog-to-digital converter technology comparison," in *Proceedings of 1994 IEEE GaAs IC Symposium*, Oct 1994, pp. 217–219.

91) ——, "Analog-to-digital converter survey and analysis," *IEEE Journal on Selected Areas in Communications*, vol. 17, no. 4, pp. 539–550, Apr 1999.

92) S. Rabii and B. A. Wooley, "A 1.8-V digital-audio sigma-delta modulator in 0.8-μm CMOS," *IEEE Journal of Solid-State Circuits*, vol. 32, no. 6, pp. 783–796, Jun 1997.

93) R. Schreier and G. C. Temes, *Understanding Delta-Sigma Data Converters*. Wiley-IEEE Press, 2005.（日本語訳：和保孝夫，安田 彰，ΔΣ 型アナログ/デジタル変換器入門．丸善，2007）

94) A. M. A. Ali, A. Morgan, C. Dillon, G. Patterson, S. Puckett, P. Bhoraskar, H. Dinc, M. Hensley, R. Stop, S. Bardsley, D. Lattimore, J. Bray, C. Speir, and R. Sneed, "A 16-bit 250-MS/s IF sampling pipelined ADC with background calibration," *IEEE Journal of Solid-State Circuits*, vol. 45, no. 12, pp. 2602–2612, Dec 2010.

95) B. Murmann, *A/D Converter Figures of Merit and Performance Trends*,

[Online]. Available: https://www.youtube.com/watch?v=dlD0Jz3d594.

96) T. Sundstrom, B. Murmann, and C. Svensson, "Power dissipation bounds for high-speed Nyquist analog-to-digital converters," *IEEE Transactions on Circuits and Systems I: Regular Papers*, vol. 56, no. 3, pp. 509–518, March 2009.

97) B. Murmann, "Energy limits in A/D converters," in *2013 IEEE Faible Tension Faible Consommation*, June 2013, pp. 1–4.

98) F. Ueno, T. Inoue, K. Sugitani, M. Kinoshita, and Y. Ogata, "An oversampled sigma-delta A/D converter using time division multiplexed integrator," in *Proceedings of the 33rd Midwest Symposium on Circuits and Systems*, Aug 1990, pp. 748–751 vol.2.

99) P. C. Yu and H.-S. Lee, "A 2.5-V, 12-b, 5-MSample/s pipelined CMOS ADC," *IEEE Journal of Solid-State Circuits*, vol. 31, no. 12, pp. 1854–1861, Dec 1996.

100) J. K. Fiorenza, T. Sepke, P. Holloway, C. G. Sodini, and H. Lee, "Comparator-based switched-capacitor circuits for scaled CMOS technologies," *IEEE Journal of Solid-State Circuits*, vol. 41, no. 12, pp. 2658–2668, Dec 2006.

101) Y. Chae, M. Kwon, and G. Han, "A 0.8-μW switched-capacitor sigma-delta modulator using a class-C inverter," in *2004 IEEE International Symposium on Circuits and Systems (IEEE Cat. No.04CH37512)*, vol. 1, May 2004, pp. I–1152.

102) Y. Chae and G. Han, "Low voltage, low power, inverter-based switched-capacitor delta-sigma modulator," *IEEE Journal of Solid-State Circuits*, vol. 44, no. 2, pp. 458–472, Feb 2009.

103) H. Kotani, R. Yaguchi, and T. Waho, "Energy efficiency of multi-bit delta-sigma modulators using inverter-based integrators," in *2012 IEEE 42nd International Symposium on Multiple-Valued Logic*, May 2012, pp. 203–207.

104) Y. Lim and M. P. Flynn, "A 100MS/s 10.5b 2.46mW comparator-less pipeline ADC using self-biased ring amplifiers," in *2014 IEEE International Solid-State Circuits Conference Digest of Technical Papers (ISSCC)*, Feb 2014, pp. 202–203.

105) ——, "A 100 MS/s, 10.5 bit, 2.46 mW comparator-less pipeline ADC using

self-biased ring amplifiers," *IEEE Journal of Solid-State Circuits*, vol. 50, no. 10, pp. 2331–2341, Oct 2015.

106) ——, "A 1 mW 71.5 dB SNDR 50 MS/s 13 bit fully differential ring amplifier based SAR-assisted pipeline ADC," *IEEE Journal of Solid-State Circuits*, vol. 50, no. 12, pp. 2901–2911, Dec 2015.

107) Y. Chen, J. Wang, H. Hu, F. Ye, and J. Ren, "A time-interleaved SAR assisted pipeline ADC with bias-enhanced ring amplifier," *IEEE Transactions on Circuits and Systems II: Express Briefs*, pp. 1–1, 2017.

108) B. J. Hosticka, "Dynamic CMOS amplifiers," *IEEE Journal of Solid-State Circuits*, vol. 15, no. 5, pp. 881–886, Oct 1980.

109) M. Steyaert, J. Crols, and S. Gogaert, "Switched-opamp, a technique for realising full CMOS switched-capacitor filters at very low voltages," in *ESSCIRC '93: Nineteenth European Solid-State Circuits Conference*, vol. 1, Sept 1993, pp. 178–181.

110) B. Verbruggen, J. Craninckx, M. Kuijk, P. Wambacq, and G. V. der Plas1, "A 2.6mW 6b 2.2GS/s 4-times interleaved fully dynamic pipelined ADC in 40nm digital CMOS," in *2010 IEEE International Solid-State Circuits Conference - (ISSCC)*, Feb 2010, pp. 296–297.

111) J. Lin, M. Miyahara, and A. Matsuzawa, "A 15.5 dB, wide signal swing, dynamic amplifier using a common-mode voltage detection technique," in *2011 IEEE International Symposium of Circuits and Systems (ISCAS)*, May 2011, pp. 21–24.

112) J. Lin, D. Paik, S. Lee, M. Miyahara, and A. Matsuzawa, "An ultra-low-voltage 160 MS/s 7 bit interpolated pipeline ADC using dynamic amplifiers," *IEEE Journal of Solid-State Circuits*, vol. 50, no. 6, pp. 1399–1411, June 2015.

113) M. A. Copeland and J. M. Rabaey, "Dynamic amplifier for m.o.s. technology," *Electronics Letters*, vol. 15, no. 10, pp. 301–302, May 1979.

114) R. Matsushiba, H. Kotani, and T. Waho, "An energy-efficient $\Delta\Sigma$ modulator using dynamic-common-source integrators," *IEICE Transactions on Electronics*, vol. E97.C, no. 5, pp. 438–443, 2014.

115) J. Hu, N. Dolev, and B. Murmann, "A 9.4-bit, 50-MS/s, 1.44-mW pipelined ADC using dynamic source follower residue amplification," *IEEE Journal of Solid-State Circuits*, vol. 44, no. 4, pp. 1057–1066, April 2009.

116) R. Nguyen, C. Raynaud, A. Cathelin, and B. Murmann, "A 6.7-ENOB, 500-MS/s, 5.1-mW dynamic pipeline ADC in 65-nm SOI CMOS," in *2011 Proceedings of the ESSCIRC (ESSCIRC)*, Sept 2011, pp. 359–362.

117) Ryoto Yaguchi, Fumiyuki Adachi, and Takao Waho, "A dynamic source-follower integrator and its application to $\Delta\Sigma$ modulators," *IEICE Transactions on Electronics Vol.E94-C No.5*, pp. 802–806, May 2011.

118) J. Li and F. Maloberti, "Pipeline of successive approximation converters with optimum power merit factor," in *9th International Conference on Electronics, Circuits and Systems*, vol. 1, 2002, pp. 17–20.

119) W. I. Mok, P. I. Mak, U. Seng-Pan, and R. P. Martins, "A highly-linear successive-approximation front-end digitizer with built-in sample-and-hold function for pipeline/two-step ADC," in *2007 IEEE International Symposium on Circuits and Systems*, May 2007, pp. 1947–1950.

120) S. M. Louwsma, A. J. M. van Tuijl, M. Vertregt, and B. Nauta, "A 1.35 GS/s, 10 b, 175 mW time-interleaved AD converter in 0.13 μm CMOS," *IEEE Journal of Solid-State Circuits*, vol. 43, no. 4, pp. 778–786, April 2008.

121) M. Furuta, M. Nozawa, and T. Itakura, "A 0.06mm^2 8.9b ENOB 40MS/s pipelined SAR ADC in 65nm CMOS," in *2010 IEEE International Solid-State Circuits Conference - (ISSCC)*, Feb 2010, pp. 382–383.

122) C.-Y. Lin and T.-C. Lee, "A 12-bit 210-MS/s 5.3-mW pipelined-SAR ADC with a passive residue transfer technique," in *2014 Symposium on VLSI Circuits Digest of Technical Papers*, June 2014, pp. 1–2.

123) A. Imani and M. S. Bakhtiar, "A two-stage pipelined passive charge-sharing SAR ADC," in *APCCAS 2008 - 2008 IEEE Asia Pacific Conference on Circuits and Systems*, Nov 2008, pp. 141–144.

124) C. C. Lee and M. P. Flynn, "A 12b 50MS/s 3.5mW SAR assisted 2-stage pipeline ADC," in *2010 Symposium on VLSI Circuits*, June 2010, pp. 239–240.

125) S. W. Sin, L. Ding, Y. Zhu, H. G. Wei, C. H. Chan, U. F. Chio, U. Seng-Pan, R. P. Martins, and F. Maloberti, "An 11b 60MS/s 2.1mW two-step time-interleaved SAR-ADC with reused S&H," in *2010 Proceedings of ESSCIRC*, Sept 2010, pp. 218–221.

126) Y.-D. Jeon, Y.-K. Cho, J.-W. Nam, K.-D. Kim, W.-Y. Lee, K.-T. Hong,

and J.-K. Kwon, "A 9.15mW 0.22mm^2 10b 204MS/s pipelined SAR ADC in 65nm CMOS," in *IEEE Custom Integrated Circuits Conference 2010*, Sept 2010, pp. 1–4.

127) Y. Zhu, C. H. Chan, S. W. Sin, U. Seng-Pan, R. P. Martins, and F. Maloberti, "A 50-fJ 10-b 160-MS/s pipelined-SAR ADC decoupled flip-around MDAC and self-embedded offset cancellation," *IEEE Journal of Solid-State Circuits*, vol. 47, no. 11, pp. 2614–2626, Nov 2012.

128) J. A. Fredenburg and M. P. Flynn, "A 90-MS/s 11-MHz-bandwidth 62-dB SNDR noise-shaping SAR ADC," *IEEE Journal of Solid-State Circuits*, vol. 47, no. 12, pp. 2898–2904, Dec 2012.

129) C. h. Chen, Y. Zhang, J. L. Ceballos, and G. C. Temes, "Noise-shaping SAR ADC using three capacitors," *Electronics Letters*, vol. 49, no. 3, pp. 182–184, Jan 2013.

130) Z. Chen, M. Miyahara, and A. Matsuzawa, "A 9.35-ENOB, 14.8 fJ/conv-step fully-passive noise-shaping SAR ADC," in *2015 Symposium on VLSI Circuits (VLSI Circuits)*, June 2015, pp. C64–C65.

131) P. Holloway and M. Norton, "A high yield, second generation 10-bit monolithic DAC," in *1976 IEEE International Solid-State Circuits Conference. Digest of Technical Papers*, vol. XIX, Feb 1976, pp. 106–107.

132) S. M. McDonnell, V. J. Patel, L. Duncan, B. Dupaix, and W. Khalil, "Compensation and calibration techniques for current-steering DACs," *IEEE Circuits and Systems Magazine*, vol. 17, no. 2, pp. 4–26, Second quarter 2017.

133) B. Murmann, "Digitally assisted data converter design," in *2013 Proceedings of the ESSCIRC (ESSCIRC)*, Sept 2013, pp. 24–31.

134) A. Verma and B. Razavi, "A 10-bit 500-MS/s 55-mW CMOS ADC," *IEEE Journal of Solid-State Circuits*, vol. 44, no. 11, pp. 3039–3050, Nov 2009.

135) S. Park, Y. Palaskas, and M. P. Flynn, "A 4-GS/s 4-bit flash ADC in 0.18-μm CMOS," *IEEE Journal of Solid-State Circuits*, vol. 42, no. 9, pp. 1865–1872, Sept 2007.

136) T. Cataltepe, A. R. Kramer, L. E. Larson, G. C. Temes, and R. H. Walden, "Digitally corrected multi-bit $\Sigma\Delta$ data converters," in *IEEE International Symposium on Circuits and Systems*, vol.1, May 1989, pp. 647–650.

137) C.-C. Huang and J.-T. Wu, "A background comparator calibration technique for flash analog-to-digital converters," *IEEE Transactions on Circuits and Systems I: Regular Papers*, vol. 52, no. 9, pp. 1732–1740, Sept 2005.

索引

【あ】

アイドルトーン　189
アクイジション時間　52
アナログ/情報変換　35
アナログ/デジタル変換器　1
アパチャ時間　51
アルゴリズミック型
　A/D 変換器　157
泡エラー　125
アンダーサンプリング　34
アンチエリアシング機能　210
アンチエリアシング
　フィルタ　30

【い】

一般化非 2 進探索
　アルゴリズム　154
移動平均　214
インターポレーション　131
インターポレーション
　回路　133

【え】

エラーフィードバック型　245
エリアシング　28
エンコーダ　122

【お】

オーバーサンプリング型
　A/D 変換器　180
オーバーサンプリングする　33
オーバーサンプリング比
　　　　　　　33, 182

オーバードライブ電圧　57
オフセット　82
オフセット誤差　98, 120
オペアンプ　60
オペアンプシェア　230
温度計コード　9

【か】

カウンタ　166
確率論的モデル　43
カスコード接続　113
下部電極　81
カラム A/D 変換器　170
カレントスタープ VCO　171
完全差動型コンパレータ　84

【き】

キックバックノイズ　89
逆フーリエ変換　32
共重心レイアウト　110

【く】

櫛型フィルタ　214
グリッチ　95
クロック信号　5
クロックフィードスルー　52

【け】

ゲイン誤差　98, 120
決定論的モデル　43
減衰抵抗　106
減衰容量　110

【こ】

校　正　246
国際固体回路会議　13
コンパレータ　8, 78

【さ】

最下位ビット　5, 94
サイクリック温度計
　コード　131
サイクリック型　157
再構成フィルタ　94
最上位ビット　94
雑音伝達関数　189
雑音フロア　46
サブレンジング型
　A/D 変換器　155
残渣アンプ　158
参照電圧　4, 5
サンプリング　5, 21
サンプリング周期　6
サンプリング周波数　6
サンプリング定理　28
サンプリングレート　6
サンプル/ホールド回路
　　　　　　　7, 47
サンプルモード　47

【し】

時間/デジタル変換器　170
ジッタ　36, 75, 212
弱反転状態　232
出力参照雑音　71
ジュール熱　142

準安定性	92
冗長性判定	164
冗長性表現	152
上部電極	81
ショットキーダイオード	62
シリアル型 D/A 変換器	242
シリアルサンプリング	50
シングルスロープ	169
信号帯域幅	28
信号対雑音比	45, 99
信号対歪雑音比	99
信号対量子化雑音比	45
信号遅延時間	102
信号伝達関数	189

【す】

スイッチエミッタフォロワ	62
スイッチトオペアンプ	235
スイッチトソースフォロワ	64
スイッチ分離 DAC	148
スキュー	75
スプリアス	174
スプリアスフリーダイナミックレンジ	99
スプリットキャパシタ DAC	146
スループット	159

【せ】

静電エネルギー	142
性能指標	15, 224
積分型 A/D 変換器	166
積分非線形性	97, 120
セグメント化	107
セトリング誤差	52
セトリング時間	51
ゼロクロッシング	131
線形領域	53

【た】

ダイオード接続	114
ダイオードブリッジ	61

ダイナミックアンプ	234
ダイナミック型コンパレータ	88
ダイナミック共通ソースアンプ	237
ダイナミックソースフォロワ	238
ダイナミックレンジ	74, 196
タイムインターリーブ型 A/D 変換器	173
ダウンコンバージョン	35
多相デシメーションフィルタ	217
多段コンパレータ	86
多段 ΔΣ 変調器	199
多ビット/ステップ	151
多ビット ΔΣ 変調器	202
ダミーゲート	58
単調性	101

【ち】

逐次近似型 A/D 変換器	135
逐次近似レジスタ	136

【つ】

ツリー型 DEM	205

【て】

抵抗ラダー	101, 122
デグリッチ	96
デジタル/アナログ変換器	1
デジタル信号処理プロセッサ	2
デシメーション比	214
デシメーションフィルタ	183, 213
データ変換器	1
デッドゾーン	193
デュアルスロープ	169
デルタ関数	31
電圧制御発振器	171
電荷共有方式	141

電荷再配分型 D/A 変換器	138
電荷シェアモード	111
電荷注入	56
電流切替型 D/A 変換器	113

【と】

動的要素マッチング	114, 204
等分配則	72
トッププレートサンプリング	149
トラック/ホールド回路	48
トランスミッションゲート	54
ドループ	52

【な】

ナイキスト	28
ナイキスト周波数	28
ナイキスト条件	28
ナイキストレート	28
内 挿	131
内挿回路	133

【に】

入力参照	76
入力フィードスルー	52

【ね】

熱雑音	70

【の】

ノイズシェイピング	185
ノンオーバーラップクロック	50

【は】

パイプライン型 A/D 変換器	158
パイプライン化逐次近似（SAR）型 A/D 変換器	240
ハイブリッド A/D 変換器	239

274　索　　　引

パスゲート　54
バックグランド校正　246
バブルエラー　125
パラレルサンプリング形式　50
パワースペクトル密度　70
バンド帯域周波数　100

【ひ】
比較器　8, 78
比較モード　89
ヒステリシス　88
非線形誤差　96
ビット分解能　4
非同期方式　138
微分非線形性　96, 119
標本化　5, 21

【ふ】
フォアグラウンド校正　246
フォトニック A/D 変換器　38
フォールディング回路　128
フォールディング型
　A/D 変換器　127
フォールディング・
　インターポレーション型
　A/D 変換器　131
不確定性関係　42
復　元　27
符号化　5
ブートストラップスイッチ　65
フラッシュ型A/D 変換器　122
プリアンプ　88

フーリエ変換　25
プリチャージ　89
フリッカ雑音　70
分解能　4

【へ】
閉ループ S/H 回路　60
並列比較型 A/D 変換器　123
ペデスタル　51

【ほ】
補　償　246
補　正　246
ホールドモード　47

【ま】
間引きフィルタ　183, 213

【み】
ミキシング　35
ミッシングコード　120

【め】
メインローブ　25
メタスタビリティ　92
メモリ効果　88

【ゆ】
有効ビット数　15, 46
ユニティゲイン周波数　85
ユニティゲインバッファ　49

【よ】
容量ミスマッチ　151

【ら】
ラッチ付きコンパレータ　87
ラプラス変換　23

【り】
離散化　21
離散時間型　206
リセットモード　89
量子化　5
量子化器　78
量子化誤差　4, 41
量子化雑音　44
リングアンプ　232
リング発振器　171

【る】
ループ遅延　211
ループフィルタ　200

【れ】
レイテンシ　126, 159
レーザトリミング　102
レーザトリミング技術　245
レンガ壁特性　33
連続時間型　206

【わ】
ワラスツリー　125

【A】
A/D 変換器　1
ADC　1
AI　3

【B】
BG 校正　246

【C】
C 級アンプ　232
CIC フィルタ　216
CT 型　206

【D】
D/A 変換器　1

DAC　1
DCS アンプ　237
DEM　114, 204
DNL　96, 119
DR　196
DR プロット　196
DSP　2
DT 型　206

索引

【E】
ENOB　　15, 46

【F】
FG 校正　　246
FIR フィルタ　　214
FOM　　15, 224

【I】
INL　　98, 120
IoT　　3

【J】
JSDAC　　148

【L】
LSB　　5, 94

【M】
MASH 方式　　199
MDAC　　159
MSB　　94

【N】
NRZ 信号　　208

【O】
ON コンダクタンス　　65
ON 抵抗　　53
OSR　　34, 182

【P】
pn ダイオード　　62

【R】
RAMP　　232
R-2R ラダー　　106

【S】
SAR　　136
SAR 型 A/D 変換器　　136
Schreier の FOM　　227
SFDR　　99
S/H 回路　　7, 47
sinc フィルタ　　40
$sinc^1$　　215
$sinc^2$　　215
SNDR　　100
SNR　　45, 99
SQNR　　45

【T】
TDC　　170
T/H 回路　　48

【V】
VCO　　171
VLSI 回路シンポジウム　　13

【W】
Walden の FOM　　224

【数字】
1 次 $\Delta\Sigma$ 型 A/D 変換器　186
$1/f$ 雑音　　70
1.5 ビット/段　　161
2 進バイナリ符号　　93
2 ステップ型 A/D 変換器　　155
2 分探索アルゴリズム　　135

【ギリシア文字】
Δ 変調器　　182
$\Sigma\Delta$ 変調器　　221

―― 著者略歴 ――

1973年　早稲田大学理工学部物理学科卒業
1975年　早稲田大学大学院理工学研究科修士課程修了（物理学及び応用物理学専攻）
1975年　日本電信電話公社（現在の日本電信電話株式会社）電気通信研究所勤務
1978年　理学博士（早稲田大学）
1999年　上智大学教授
　　　　現在に至る

アナログ/デジタル変換入門 ― 原理と回路実装 ―
Introduction to Analog-to-Digital Conversion ― Principle and Circuit Implementation ―

© Takao Waho 2019

2019年 3 月 28 日　初版第 1 刷発行　　　　　　　　　　　　　　　　　　　★

検印省略	著　者	和(わ)　保(ほ)　孝(たか)　夫(お)
	発 行 者	株式会社　コロナ社
		代 表 者　牛 来 真 也
	印 刷 所	三 美 印 刷 株 式 会 社
	製 本 所	有限会社　愛千製本所

112-0011　東京都文京区千石 4-46-10
発行所　株式会社　コロナ社
CORONA PUBLISHING CO., LTD.
Tokyo Japan
振替 00140-8-14844・電話(03)3941-3131(代)
ホームページ　http://www.coronasha.co.jp

ISBN 978-4-339-00918-7　C3055　Printed in Japan　　　　　　　（新井）G

〈出版者著作権管理機構　委託出版物〉
本書の無断複製は著作権法上での例外を除き禁じられています。複製される場合は，そのつど事前に，出版者著作権管理機構（電話 03-5244-5088，FAX 03-5244-5089，e-mail: info@jcopy.or.jp）の許諾を得てください。

本書のコピー，スキャン，デジタル化等の無断複製・転載は著作権法上での例外を除き禁じられています。購入者以外の第三者による本書の電子データ化及び電子書籍化は，いかなる場合も認めていません。
落丁・乱丁はお取替えいたします。

音響テクノロジーシリーズ

（各巻A5判，欠番は品切です）

■日本音響学会編

No.	タイトル	著者	頁	本体
1.	音のコミュニケーション工学 ―マルチメディア時代の音声・音響技術―	北脇信彦編著	268	3700円
3.	音の福祉工学	伊福部達著	252	3500円
4.	音の評価のための心理学的測定法	難波精一郎・桑野園子共著	238	3500円
5.	音・振動のスペクトル解析	金井浩著	346	5000円
7.	音・音場のディジタル処理	山﨑芳男・金田豊編著	222	3300円
8.	改訂 環境騒音・建築音響の測定	橘秀樹・矢野博夫共著	198	3000円
9.	新版 アクティブノイズコントロール	西村正治・宇佐川毅・伊勢史郎・梶川嘉延共著	238	3600円
10.	音源の流体音響学 ―CD-ROM付―	吉川茂・和田仁編著	280	4000円
11.	聴覚診断と聴覚補償	舩坂宗太郎著	208	3000円
12.	音環境デザイン	桑野園子編著	260	3600円
13.	音楽と楽器の音響測定 ―CD-ROM付―	吉川茂・鈴木英男編著	304	4600円
14.	音声生成の計算モデルと可視化	鏑木時彦編著	274	4000円
15.	アコースティックイメージング	秋山いわき編著	254	3800円
16.	音のアレイ信号処理 ―音源の定位・追跡と分離―	浅野太著	288	4200円
17.	オーディオトランスデューサ工学 ―マイクロホン、スピーカ、イヤホンの基本と現代技術―	大賀寿郎著	294	4400円
18.	非線形音響 ―基礎と応用―	鎌倉友男編著	286	4200円
19.	頭部伝達関数の基礎と3次元音響システムへの応用	飯田一博著	254	3800円
20.	音響情報ハイディング技術	鵜木祐史・西村竜一・伊藤彰則・西村明・近藤和弘・薗田光太郎共著	172	2700円
21.	熱音響デバイス	琵琶哲志著	296	4400円
22.	音声分析合成	森勢将雅著	272	4000円

以下続刊

- 物理と心理から見る音楽の音響　三浦雅展編著
- 建築におけるスピーチプライバシー ―その評価と音空間設計―　清水寧編著
- 聴覚の支援技術　中川誠司編著
- 機械学習による音声認識　久保陽太郎著
- 超音波モータ　青柳学・黒澤実・中村健太郎共著
- 弾性波・圧電型センサ　近藤淳・工藤すばる共著
- 聴覚・発話に関する脳活動観測　今泉敏編著

定価は本体価格+税です。
定価は変更されることがありますのでご了承下さい。

図書目録進呈◆

電子情報通信レクチャーシリーズ

■電子情報通信学会編　　　（各巻B5判）

共通

番号	配本順	タイトル	著者	頁	本体
A-1	(第30回)	電子情報通信と産業	西村吉雄著	272	4700円
A-2	(第14回)	電子情報通信技術史 ―おもに日本を中心としたマイルストーン―	「技術と歴史」研究会編	276	4700円
A-3	(第26回)	情報社会・セキュリティ・倫理	辻井重男著	172	3000円
A-4		メディアと人間	原島博 北川高嗣 共著		
A-5	(第6回)	情報リテラシーとプレゼンテーション	青木由直著	216	3400円
A-6	(第29回)	コンピュータの基礎	村岡洋一著	160	2800円
A-7	(第19回)	情報通信ネットワーク	水澤純一著	192	3000円
A-8		マイクロエレクトロニクス	亀山充隆著		
A-9		電子物性とデバイス	益川一哉 天川修平 共著		

基礎

番号	配本順	タイトル	著者	頁	本体
B-1		電気電子基礎数学	大石進一著		
B-2		基礎電気回路	篠田庄司著		
B-3		信号とシステム	荒川薫著		
B-5	(第33回)	論理回路	安浦寛人著	140	2400円
B-6	(第9回)	オートマトン・言語と計算理論	岩間一雄著	186	3000円
B-7		コンピュータプログラミング	富樫敦著		
B-8	(第35回)	データ構造とアルゴリズム	岩沼宏治他著	208	3300円
B-9		ネットワーク工学	仙田正和 石村敬裕 中野敬介 共著		
B-10	(第1回)	電磁気学	後藤尚久著	186	2900円
B-11	(第20回)	基礎電子物性工学 ―量子力学の基本と応用―	阿部正紀著	154	2700円
B-12	(第4回)	波動解析基礎	小柴正則著	162	2600円
B-13	(第2回)	電磁気計測	岩﨑俊著	182	2900円

基盤

番号	配本順	タイトル	著者	頁	本体
C-1	(第13回)	情報・符号・暗号の理論	今井秀樹著	220	3500円
C-2		ディジタル信号処理	西原明法著		
C-3	(第25回)	電子回路	関根慶太郎著	190	3300円
C-4	(第21回)	数理計画法	山下信雄 福島雅夫 共著	192	3000円
C-5		通信システム工学	三木哲也著		
C-6	(第17回)	インターネット工学	後藤滋樹 外山勝保 共著	162	2800円
C-7	(第3回)	画像・メディア工学	吹抜敬彦著	182	2900円

配本順			頁	本体
C-8 (第32回)	音声・言語処理	広瀬 啓吉 著	140	2400円
C-9 (第11回)	コンピュータアーキテクチャ	坂井 修一 著	158	2700円
C-10	オペレーティングシステム			
C-11	ソフトウェア基礎			
C-12	データベース			
C-13 (第31回)	集積回路設計	浅田 邦博 著	208	3600円
C-14 (第27回)	電子デバイス	和保 孝夫 著	198	3200円
C-15 (第8回)	光・電磁波工学	鹿子嶋 憲一 著	200	3300円
C-16 (第28回)	電子物性工学	奥村 次徳 著	160	2800円

【展開】

D-1	量子情報工学			
D-2	複雑性科学			
D-3 (第22回)	非線形理論	香田 徹 著	208	3600円
D-4	ソフトコンピューティング			
D-5 (第23回)	モバイルコミュニケーション	中川 正雄・大槻 知明 共著	176	3000円
D-6	モバイルコンピューティング			
D-7	データ圧縮	谷本 正幸 著		
D-8 (第12回)	現代暗号の基礎数理	黒澤 馨・尾形 わかは 共著	198	3100円
D-10	ヒューマンインタフェース			
D-11 (第18回)	結像光学の基礎	本田 捷夫 著	174	3000円
D-12	コンピュータグラフィックス			
D-13	自然言語処理			
D-14 (第5回)	並列分散処理	谷口 秀夫 著	148	2300円
D-15	電波システム工学	唐沢 好男・藤井 威生 共著		
D-16	電磁環境工学	徳田 正満 著		
D-17 (第16回)	VLSI工学 —基礎・設計編—	岩田 穆 著	182	3100円
D-18 (第10回)	超高速エレクトロニクス	中村 徹・三島 友義 共著	158	2600円
D-19	量子効果エレクトロニクス	荒川 泰彦 著		
D-20	先端光エレクトロニクス			
D-21	先端マイクロエレクトロニクス			
D-22	ゲノム情報処理			
D-23 (第24回)	バイオ情報学 —パーソナルゲノム解析から生体シミュレーションまで—	小長谷 明彦 著	172	3000円
D-24 (第7回)	脳工学	武田 常広 著	240	3800円
D-25 (第34回)	福祉工学の基礎	伊福部 達 著	236	4100円
D-26	医用工学			
D-27 (第15回)	VLSI工学 —製造プロセス編—	角南 英夫 著	204	3300円

定価は本体価格+税です。
定価は変更されることがありますのでご了承下さい。

◆図書目録進呈◆

ロボティクスシリーズ

(各巻A5判)

- ■編集委員長　有本　卓
- ■幹　　　事　川村貞夫
- ■編集委員　石井　明・手嶋教之・渡部　透

配本順			頁	本体
1. (5回)	ロボティクス概論	有本　卓編著	176	2300円
2. (13回)	電気電子回路 ―アナログ・ディジタル回路―	杉田　進/山中克彦/小西　聡 共著	192	2400円
3. (12回)	メカトロニクス計測の基礎	石井　明/木股雅章/金　俊完 共著	160	2200円
4. (6回)	信号処理論	牧川方昭著	142	1900円
5. (11回)	応用センサ工学	川村貞夫編著	150	2000円
6. (4回)	知能科学 ―ロボットの"知"と"巧みさ"―	有本　卓著	200	2500円
7.	モデリングと制御	平井慎一/坪内孝司/秋下貞夫 共著		
8. (14回)	ロボット機構学	永井　清/土橋宏規 共著	140	1900円
9.	ロボット制御システム	玄　相昊編著		
10. (15回)	ロボットと解析力学	有本　卓/田原健二 共著	204	2700円
11. (1回)	オートメーション工学	渡部　透著	184	2300円
12. (9回)	基礎福祉工学	手嶋教之/米本川良/相川孝訓/相佐誠/糟谷佐紀 共著	176	2300円
13. (3回)	制御用アクチュエータの基礎	川村貞夫/野方誠/田所諭/早川恭弘/松浦裕 共著	144	1900円
14. (2回)	ハンドリング工学	平井慎一/若松栄史 共著	184	2400円
15. (7回)	マシンビジョン	石井　明/斉藤文彦 共著	160	2000円
16. (10回)	感覚生理工学	飯田健夫著	158	2400円
17. (8回)	運動のバイオメカニクス ―運動メカニズムのハードウェアとソフトウェア―	牧川方昭/吉田正樹 共著	206	2700円
18.	身体運動とロボティクス	川村貞夫編著		

定価は本体価格+税です。
定価は変更されることがありますのでご了承下さい。

図書目録進呈◆